人工智能与
人类未来丛书

DeepSeek 从入门到精通

闫寒 著

北京大学出版社
PEKING UNIVERSITY PRESS

内容提要

在AI浪潮席卷全球的今天，DeepSeek不仅能够提升工作效率，更能有力赋能行业发展。

本书从AI的历史与现状讲起，全面剖析了DeepSeek的应用。特别是在自媒体领域，无论是内容生产、热点追踪、多平台适配，还是实现商业变现，DeepSeek都产生了重大影响。书中还详细介绍了DeepSeek工具的使用方法，包括账号配置、对话技巧、内容生成等，并通过实战案例展示了如何利用AI实现爆款内容创作、热点追踪和商业变现。此外，书中还探讨了AI在知识付费、电商带货、本地生活等垂直领域的应用，以及如何通过AI构建私域流量和实现数字人直播等前沿技术的落地。

本书内容通俗易懂，适合自媒体创作者、内容运营者、电商从业者、营销人员及对AI技术感兴趣的商业人士。无论是希望提升创作效率、优化商业策略，还是探索AI在实际业务中的应用，本书都能提供实用的指导和启发。

图书在版编目(CIP)数据

DeepSeek从入门到精通 / 闫寒著. -- 北京：北京大学出版社，2025. 5. -- ISBN 978-7-301-36150-4

Ⅰ. TP18

中国国家版本馆CIP数据核字第20252T377L号

书　　名	DeepSeek从入门到精通 DeepSeek CONG RUMEN DAO JINGTONG
著作责任者	闫　寒　著
责任编辑	刘　云
标准书号	ISBN 978-7-301-36150-4
出版发行	北京大学出版社
地　　址	北京市海淀区成府路205号　100871
网　　址	http://www.pup.cn　新浪微博：@ 北京大学出版社
电子邮箱	编辑部 pup7@pup.cn　总编室 zpup@pup.cn
电　　话	邮购部 010-62752015　发行部 010-62750672　编辑部 010-62570390
印 刷 者	大厂回族自治县彩虹印刷有限公司
经 销 者	新华书店
	880毫米×1230毫米　32开本　6.75印张　187千字
	2025年5月第1版　2025年5月第1次印刷
印　　数	1-4000册
定　　价	59.00元

推荐序

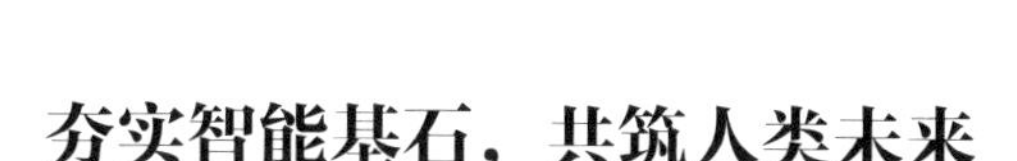

人工智能正在改变当今世界。从量子计算到基因编辑，从智慧城市到数字外交，人工智能不仅重塑着产业形态，还改变着人类文明的认知范式。在这场智能革命中，我们既要有仰望星空的战略眼光，也要具备脚踏实地的理论根基。北京大学出版社策划的“人工智能与人类未来”丛书，恰如及时春雨，无论是理论还是实践，都对这次社会变革有着深远影响。

该丛书最鲜明的特色在于其能“追本溯源”。当业界普遍沉迷于模型调参的即时效益时，《人工智能大模型数学基础》等基础著作系统梳理了线性代数、概率统计、微积分等人工智能相关的计算脉络，将卷积核的本质解构为张量空间变换，将损失函数还原为变分法的最优控制原理。这种将技术现象回归数学本质的阐释方式，不仅能让读者的认知框架更完整，还为未来的创新突破提供了可能。书中独创的“数学考古学”视角，能够带读者重走高斯、牛顿等先贤的思维轨迹，在微分流形中理解Transformer模型架构，在泛函空间里参悟大模型的涌现规律。

在实践维度，该丛书开创了“代码即理论”的创作范式。《人工智能大模型：动手训练大模型基础》等实战手册摒弃了概念堆砌，直接使用PyTorch框架下的100多个代码实例，将反向传播算法具象化为矩阵导数运算，使注意力机制可视化为概率图模型。在《DeepSeek源码深度解析》

中，作者团队细致剖析了国产大模型的核心架构设计，从分布式训练中的参数同步策略，到混合专家系统的动态路由机制，每个技术细节都配有工业级代码实现。这种“庖丁解牛”式的技术解密，使读者既能把握技术全貌，又能掌握关键模块的实现精髓。

该丛书着眼于中国乃至全世界人类的未来。当全球算力竞赛进入白热化阶段，《Python大模型优化策略：理论与实践》系统梳理了模型压缩、量化训练、稀疏计算等关键技术，为突破“算力围墙”提供了方法论支撑。《DeepSeek图解：大模型是怎样构建的》则使用大量的可视化图表，将万亿参数模型的训练过程转化为可理解的动力学系统，这种知识传播方式极大地降低了技术准入门槛。这些创新不仅呼应了“十四五”规划中关于人工智能底层技术突破的战略部署，还为构建自主可控的技术生态提供了人才储备。

作为人工智能发展的见证者和参与者，我非常高兴看到该丛书的三重突破：在学术层面构建了贯通数学基础与技术前沿的知识体系；在产业层面铺设了从理论创新到工程实践的转化桥梁；在战略层面响应了新时代科技自立自强的国家需求。该丛书既可作为高校培养复合型人工智能人才的立体化教材，又可成为产业界克服人工智能技术瓶颈的参考宝典，此外，还可成为现代公民了解人工智能的必要书目。

站在智能时代的关键路口，我们比任何时候都更需要这种兼具理论深度与实践智慧的启蒙之作。愿该丛书能点燃更多探索者的智慧火花，共同绘制人工智能赋能人类文明的美好蓝图。

于剑

北京交通大学人工智能研究院院长

交通数据分析与挖掘北京市重点实验室主任

中国人工智能学会副秘书长兼常务理事

中国计算机学会人工智能与模式识别专委会荣誉主任

前言

2023 年秋天，我在机场候机时刷到一个介绍如何用ChatGPT写短视频脚本的爆款视频，大受震撼，于是，当即下载了ChatGPT。

我还记得第一次和它对话时，曾幼稚地把它当成搜索引擎去提问，得到的回答自然也和百度直接搜索没有太大区别。

在后来的学习过程中，我像一个牙牙学语的婴儿，不断模仿别人的用法，以及不断地摸索和尝试，直到我慢慢学会使用具体的指令，得到的回复也开始产生变化，有了更高的质量。

从ChatGPT，到文心一言，到科大讯飞，再到现在火爆的DeepSeek，我发现AI真是太强大了。

2024 年底，DeepSeek问世不久，我就下载了该软件，在使用过程中，我发现它是中文世界当下最强的AI，三周后，我的工作流彻底重构。早晨通勤时，手机会自动推送AI整理的热点日报："美团调整佣金规则""杭州出现外卖包装新规"……

过去需要助理盯三小时的信息，现在几分钟就能掌握。有次在北京出差，飞机起飞前借助DeepSeek，花了一分钟生成了一份京东外卖政策解读视频，三天内的播放量就达 200 多万次，新增客户信息 2000 多条。在评论区，有人问我是怎么做到全国门店案例信手拈来的，其实是DeepSeek把我 5 年的培训课程录音变成了随时调用的知识库。

2025 年春节，DeepSeek突然爆火，并影响着我们的日常工作和生活。

如今我的办公室有一个大屏幕是专门给DeepSeek用的，实时显示着今日我的DeepSeek智能体已自动处理了多少个学员的咨询，DeepSeek在飞书多维表格上给我新增了多少份运营方案，甚至我的数字人在 10 分钟内可以为我生产出由“我”出镜的 1 小时课程。

甚至，在我每天早晨睡醒之前，DeepSeek 就已经自动完成生产视频脚本了，在上班的路上，我就可以完成视频的录制。有老学员开玩笑：闫老师现在是不是雇了十个替身？”我笑着指指手机：“确切地说，想要多少分身都有。”

这场 AI 变革最深刻的，是重新定义了“专业”。2024 年给某连锁品牌做代运营方案，DeepSeek 用十分钟分析完了他们三年的经营数据，给出的选址策略让有十年经验的运营总监拍案叫绝。还有，我用数字人生成的视频和直播，在播放数据上完全不输于真人出镜。

但是现在，每当我走过餐饮街，看着店主们依然在手忙脚乱改菜单、拍视频，就像看见三年前的自己，所以我决定用 DeepSeek 帮我节省出来的时间，来帮助更多人，让更多的人在这场浪潮中掌握更多机会。

本书的特色在于它将理论与实践紧密结合，通过大量实际案例展示了如何将这些技术运用到自媒体创作和运营中。每个章节都围绕一个核心主题展开，从基础的 AI 入门知识到高级的内容创作技巧，再到具体的商业变现策略，逐步引导读者深入理解和掌握 AI 在自媒体领域的应用。

第 1 章为读者揭开 AI 技术的神秘面纱，介绍其基本概念及在自媒体领域的应用现状。通过对比传统创作与 AI 赋能后的变化，展示 AI 带来的效率提升和创作变革，为后续学习奠定基础。

第 2 章深入探讨 DeepSeek 在内容创作中的高级应用，介绍如何利用 DeepSeek 生成图文/视频脚本、热点追踪和跨模态创作等功能，帮助读者突破创作瓶颈，提升核心竞争力。

第 3 章聚焦于知识付费、电商带货、本地生活等热门领域，分析 AI 时代的挑战与机遇，通过行业案例展示 DeepSeek 在解决实际问题、提升运营效率和商业价值中的应用。

第 4 章专注于私域流量的运营和变现，介绍如何利用 DeepSeek 构建精准用户画像、生成个性化内容及使用自动化工具实现高效互动，提升私域运营效率和商业价值。

第5章探讨数字人技术在自媒体领域的创新应用，通过数字人短视频、直播和在线教育等场景，展示其在提升效率、降低成本和创新体验方面的潜力。

第6章展望了DeepSeek智能体的未来发展方向，介绍智能体的概念、功能和应用场景，展示其在内容创作、商业运营和客户服务中的应用前景，为读者描绘DeepSeek未来的蓝图。

第7章聚焦于DeepSeek在商业变现中的应用，介绍如何通过DeepSeek精准定位目标客户、设计信任变现策略和构建商业价值闭环，帮助读者将流量转化为实际收入。

由于我长期专注于自媒体内容创作与运营，积累了丰富的实战经验，深知内容创作与商业变现的机遇与挑战，也深知DeepSeek会重塑自媒体行业。本书正是基于我的亲身经历和专业知识精心打造，旨在为广大自媒体创作者、运营者、营销人员、企业主及对AI技术感兴趣的读者提供一本实用性强、操作性高的指南，帮助大家在AI时代找到属于自己的成功路径。

本书的读者对象包括但不限于以下几类：

- 希望提升创作效率和质量的自媒体创作者；
- 希望优化运营策略和变现的自媒体运营者；
- 各行业希望借助自媒体做营销的从业人员；
- 希望利用AI技术提升竞争力的企业老板；
- 希望在自媒体领域寻找机会的创业者；
- 所有对AI技术感兴趣的读者。

无论你是自媒体领域的资深从业者，还是刚刚踏入这个行业的新人，本书都将为你提供有价值的指导和启发。希望这本书能够成为你在AI自媒体时代的得力助手，帮助你在未来的创作和运营中取得更大的成功。

闫寒

2025年3月

温馨提示：

本书所涉及的资源已上传至百度网盘，供读者下载。请读者关注封底的“博雅读书社”微信公众号，找到“资源下载”栏目，输入本书 77 页的资源下载码，根据提示获取。

目录

第1章

DeepSeek 入门：开启 AI 自媒体时代

从石器时代到移动互联网时代，人类始终与自身的生理局限进行抗争。就像你拼命地蹬自行车，速度也赶不上汽车——这不是努力的问题，而是人类的双腿没有安装发动机，这是物种的局限问题。

随着人工智能技术的崛起，以OpenAI和DeepSeek为代表的AI大模型彻底颠覆了生产力的传统格局。它们以高效、精确的方式重塑了工作模式，在自媒体领域，这种变革尤为明显。AI不仅弥补了人类的不足，更开启了全新的可能性，使效率与创造力达到了前所未有的高度。

1.1 自媒体领域不可或缺的工具

1.1.1 认识AI

在过去的一百年里，商业竞争的核心逻辑是通过各种手段不断挖掘和利用人类的效率极限，以追求更高的生产力和竞争优势。然而这种商业竞争始终围绕着如何最大化人类效率展开，这种模式存在着天然的天花板。直到AI技术的出现，打破了这一局限，重新定义了效率的边界，为商业和社会带来了全新的可能性。

1911 年，弗雷德里克·泰勒举着秒表钻进钢铁厂，硬是把工人胳膊摆动角度拆成几十个标准动作。这虽然在20世纪初极大地提高了生产效率，推动了工业化进程，并为现代管理学奠定了基础；但这种方法过于机械化和非人性化，忽视了工人的主观能动性和工作满意度。他的理论被认为将工人视为“工具”而非“人”，从而引发了劳资矛盾和社会批评。

1913 年，亨利·福特在底特律的汽车工厂引入流水线生产，通过标准化和分工，大幅提升了产能。而日本的精益生产模式，则通过PDCA循环和持续改进，将效率优化推向极致，甚至对工具摆放和动作细节都进行了精细化管理。

到了ERP时代，管理智慧被转化为标准化的数字流程，通过系统集成和数据透明化，大幅提升了管理效率。ERP系统不仅优化了资源配置，还通过实时数据监控和流程标准化，减少了管理中的不规范行为和决策失误的可能性。管理者可以借助系统提供的数据支持，更精准地制定战略和调整运营，但管理者的判断与经验仍然是不可或缺的核心。

但是你发现没有？这些效率提升的方法，本质上仍在人类生理极限的框架内打转。就像 19 世纪瓦特改良蒸汽机时，无论怎样优化气缸保温或活塞润滑，热效率始终无法突破 8%的理论上限。同样，人类员工每天 8 小时的黄金工作时间、有限的记忆力，就像碳基生物与生俱来的“性能枷锁”，都是无法突破的生理限制，也决定了传统工作方式的效率天花板，难以被打破。

长时间工作会让人疲劳，导致效率下降和错误增加。二战时，盟军的密码破译团队通过定期轮换操作员，避免了因疲劳导致的错误，成功破译了德军密码。同样，19 世纪普鲁士军队通过“三班轮值制”，让参谋官轮流工作，确保了决策的高效和准确。这也说明，只有合理安排休息和轮换，才能显著提升工作效率和质量。

人类不论在生理上还是在心理上都存在极限，AI却不。AI实现了“永动机”的效果。

首先，AI的计算能力远超人类大脑。例如，对上百份法律合同条款进行核查，人类律师团队可能需要花费 3 周时间，而AI只需 3 分钟就能完成。这不仅仅是速度快多少倍的问题，而是彻底“抹平”了时间维度。因为如果想让人类的工作量增加 10 倍，要么雇佣 10 倍的劳动力，要么等待 10 倍的时间；但对 AI 来说，只需多发一条指令，就能轻松实现工作量的 10 倍增长。这种效率的提升，彻底改变了传统的工作模式。

其次，AI 拥有近乎无限的记忆力。它能轻松存储地球上所有的已知信息。例如，100TB 的行业数据，AI 只需几秒就能完成检索，并能给出精准答案。这相当于将 5000 个分析师穷尽一生整理的数据仓库，压缩进一个小小的屏幕中。

最后，AI 的进化迭代能力远超人类。人类的进步依赖于经验教训的总结和分享，但这个过程既耗时又低效。总结需要消耗大量脑力，不同人对信息的理解也存在偏差；分享则需要多人参与，且在传递过程中容易产生误差。而 AI 可以在秒级时间内完成总结和分享，省下的时间可以用于不断试错和优化，因此 AI 的进化迭代速度比人类快上万倍。

那么，AI 的能力和人类对比有多明显呢？

以我所在的餐饮外卖服务行业为例，我训练的 AI 智能体，就像是开了外挂的“数字人服务终端”。它存储了我所有的经验与知识——从历年培训录音到内部会议纪要，客户答疑速度直接提升至我的 5 倍。更厉害的是它的思考维度：作为人类，我会因疲劳而走神，会因记忆模糊而犯错，比如记错 5 年前的运营数据月份，或混淆 3 年前的客户需求细节。而 AI 拥有永不疲倦的“钢铁意志”，记忆精度如同瑞士钟表的齿轮，24 小时保持满格状态，随时能调出 2018 年某次晨会的第三项决议。它不仅仅是一个助手，更像是将我 15 年行业经验浓缩而成的“数字替身”。

当顶尖咨询公司用 AI 在一夜之间生成全球范围的竞品报告，当医疗 AI 在 3 分钟内分析完 3000 份病历并发现隐藏的疾病时，真正的革命才显现出来：靠日夜加班得来的效率竞争的主战场，已经悄悄转移到了 AI 的“硅基世界”中。这就像当年汽车的出现，它不仅比马车更快，而且重新定义了“移动”的概念。AI 不仅是工具，而且是一种全新的生产力，正在重塑我们工作的方式。

对于自媒体行业，其发展历程在某种程度上也反映了人类创意与体力被极致压榨的过程。

2022 年，我曾参观杭州某 MCN 机构，其运作模式令人联想到工业革命时期的纺织工厂——上百名员工在玻璃隔间中密集工作，自媒体行业每天像流水线一样生产 500 条短视频。

为确保内容质量，每条视频需经过七道严格的制作流程，从选题策划到最终发布，其复杂程度甚至不亚于汽车制造。

在视频平台快速崛起的阶段，这种模式确实取得了显著成效，年收入一度突破 3 亿元。然而，随着规模扩张，问题逐渐显现：团队每增加 30% 的人员，办公场地就需扩展半层楼；平台算法的不可预测性导致 70% 的内容难以获得曝光，创作者即便熬夜修改多稿，效果也未必优于 AI 的随机推荐。

到了 2024 年，自媒体行业爆款内容越发稀缺，营收开始下滑，而人力成本占比却像退潮时显露的礁石一样不断攀升。最终，这家 MCN 机构不得不采取降薪和裁员的措施以应对困境。

2024 年成为短视频行业的分水岭，AI 工具的普及如同自来水进入千家万户——过去需要费力从井中打水，如今只需轻轻一拧水龙头，资源便源源不断。以制作美食教程的博主为例，过去可能需要带领两名助手忙碌大半天，才能完成三五道菜的视频制作。而现在，博主只需对着手机简单讲解，AI 便能自动生成二十种菜谱变体，并配以不同口音的解说，仿佛请来了一位五星级大厨和二十位方言主播协同工作。

AI 的引入为创作者带来了前所未有的效率提升，这种变革如同洗衣机取代搓衣板，彻底改变了工作方式。过去，剪辑一条视频需要像绣花一样精细，逐帧添加画中画，逐句配字幕，耗时耗力。如今，AI 只需短短几分钟便能完成这些任务，且精细程度不亚于经验丰富的专业人士。一位拍摄宠物视频的创作者提到，他的 AI 工具甚至比人类更懂观众喜好，能够自动将猫咪打斗的镜头放慢三倍，并搭配《英雄本色》的背景音乐，最终使视频播放量大幅提升。

最令人称奇的是，AI 已将自媒体创作的门槛降低至前所未有的亲民程度。比如，村头的李大爷只需用方言录制一段卖苹果的吆喝，AI 便能迅速生成一段带有特效的带货视频，甚至连背景音乐都会贴心地配上《最炫民族风》。城市中的白领在下班路上突发灵感，只需在手机上简单操作几下，便能制作出一部职场秘籍的成片，效率之高，堪比快速煮一碗方便面。

而那些高手，更是将AI运用得炉火纯青，仿佛它是一位千变万化的魔术师。例如，某旅行博主同时运营着六个风格迥异的账号，从西藏朝圣指南到都市探店攻略，应有尽有，这全靠AI在创意、文案、拍摄、剪辑等各个环节上扮演了整个团队的角色。

未来，在自媒体行业中脱颖而出的，必定是那些熟练掌握AI工具的资深从业者。他们深知，AI的崛起如同汽车取代马车，是一场不可逆转的变革。而这一次，人们无须考取“驾照”，只需一部手机，便能踏上这场效率革命的快车。

接下来，搭乘这趟“AI快车”，开启全新的创作之旅吧！

1.1.2 AI对自媒体领域的影响

AI自诞生以来，经历了从理论探索到实际应用的快速发展。近年来，得益于大数据、云计算和深度学习技术的突破，AI在医疗、金融、教育、制造等领域取得了广泛应用。例如，在医疗中辅助诊断疾病，在金融中优化风险评估，在教育中实现个性化学习，在制造业中推动自动化生产。

1. AI 对自媒体领域的影响

AI通过提升效率、降低成本、优化决策，深刻改变了各行业的运作模式。特别是在自媒体领域，AI的影响尤为显著。首先，AI工具（如ChatGPT、AI视频剪辑软件）降低了内容创作门槛，帮助创作者快速生成文字、图像和视频内容。其次，AI推荐算法通过分析用户行为，精准推送个性化内容，提升了用户黏性和内容传播效率。此外，AI还优化了广告投放和电商变现，帮助创作者实现更高收益。然而，AI也带来了内容同质化、版权争议等挑战，要求创作者在技术应用中保持创新与独特性。

总体而言，AI正在重塑自媒体生态，推动行业向智能化、高效化发展。

2. 拆解自媒体“赛马场”

自媒体“赛马场”机制通过动态流量池、实时数据监测和层级跃迁规则，实现了内容的自动化筛选和资源分配。这一机制既是平台高效运营的核心，也是创作者必须理解和适应的游戏规则。只有持续优化内容、把握数据动向，才能在激烈的竞争中脱颖而出。要理解自媒体“赛马场”，就要理解短视频平台的流量游戏，下面先来拆解这个“赛马场”的运作规则。

以短视频平台为例，其“赛马机制”是指通过动态评估和实时竞争实现内容分发的核心算法体系。该机制通过多维度数据监测，在创作者群体中实施持续性的优胜劣汰，以此优化平台内容生态。

该机制包含三个核心构成要件：一是动态流量池架构，将内容推送划分为基础流量测试（100 ～ 500 次曝光）和分级进阶流量扩展（万级以上曝光）两个阶段；二是实时数据监测系统，以完播率（观看完整视频的用户比例）、互动率（点赞、评论、转发总量）和留存率（持续观看下条视频的用户占比）作为核心评估指标；三是层级跃迁规则，内容需在每轮流量测试中达到预设阈值（如基础池互动率≥5%）方可进入更大曝光池。

具体运作流程表现：新发布内容首先进入初级流量池接受用户反馈测试，系统每分钟实时更新内容评分。符合标准的内容将进入次级流量池，同时开启创作者实时排名系统。平台每小时根据内容在同类目中的相对表现（如美妆类视频的转化率排名）调整推荐权重，形成持续竞争态势。

该机制往往产生双重效应：正向层面，激励创作者优化内容质量，推动平台日均优质内容产出大量提升；负向层面，导致内容同质化加剧，监测显示热门类目创意重复率极高。平台运营方通过设置垂直细分赛道（如将美食类目细分为教程、探店、文化等子类目）缓解该问题，但边际效益呈现递减趋势。这就好比古代科举考试，考场里坐着 3000 万考生，每天开考上百次，考试不设及格线，每个科目每次只录取前 100 名。

短视频平台的“赛马机制”其实是一场精妙的流量博弈。第一步，每天放出固定量的“黄金”草料（流量池）。第二步，所有马匹（视频）先绕场跑三圈（冷启动）。第三步，跑进前 20% 的加喂精饲料（二次推荐）。第四步，持续领先者晋级 VIP 马厩（流量加权）。这套机制通过分层竞争和动态筛选，既保证了平台资源的高效分配，又激励创作者不断优化内容，堪称一场精妙的"流量博弈"。

下面，我们具体来了解下短视频的"赛马阶段"。

（1）第一阶段：海选赛（冷启动）

每个新视频上传，就像把一匹小马驹扔进围栏。平台先给 100 ～ 500 的初始流量（相当于草料），重点观察以下三个指标。

- 完播率：观众是认真看完还是迅速划走？
- 互动率：点赞评论有没有破阈值？
- 转化率：有多少人点击购物车或关注账号？

这个阶段好比夜市摆摊——如果你的煎饼馃子在头半小时没有卖出去十份，市场管理就会直接给你收摊。以我的抖音账号为例，经过数据测算，冷启动期的"生死线"非常明确：前 3 秒完播率低于 40% 的视频，90% 会石沉大海。

（2）第二阶段：晋级赛（流量加权）

闯过海选赛的小马，会被牵进更大的赛马场。此时，短视频的流量池将扩大到 1 万 ～ 5 万，但考核标准也陡然升级。

- 新增"转粉率"指标：每 100 人观看带来多少新粉丝。
- 转粉行为监控：观众是否点进主页看其他作品。
- 转发权重：有多少用户看了视频选择分享给其他用户或群。

这个阶段就像比武招亲，不仅要打赢对手，还得让围观群众往你身上扔鲜花。

（3）第三阶段：巅峰赛（持续推荐）

杀出重围的顶级赛马，会进入无限赛道。此时流量池不设上限，但平台新增两项严格的考核。

- 衰减系数：当互动和完播数据下降时，会限制推流。
- 连带价值：能否引导观众观看同类型其他视频。

这就好比让马拉松选手改跑障碍赛，每千米都要跨越新栏杆。例如，某个账号的爆款视频第 8 小时冲到 500 万的播放量，但因为话题热度很快过气，第 9 小时就会被掐断推荐流量。

下面我们再来看看赛马机制的三大隐藏规则。

- 流量分配的零和博弈：平台每日释放的流量总量是固定的，呈现出明显的零和博弈特征。当一个创作者获得更多流量时，其他创作者的曝光机会必然会减少，形成“蛋糕就那么大，你多吃一口，他人就会少吃一口”的竞争格局。
- 动态算法调整与策略时效性：平台的算法会实时调整内容评估标准，导致创作者的有效策略具有时效性。例如，上个月能够提升曝光的内容形式或互动技巧，可能在本月因算法更新而失效，迫使创作者不断适应变化。
- 流量分配中的“马太效应”：头部账号凭借其粉丝基数和历史表现，能够持续获得“惯性流量”，而新账号则需要付出数倍的努力和多次尝试才能突围。数据显示，抖音百万粉丝账号的新视频在冷启动阶段的通过率，往往是新人账号的 10 倍以上。这种强者愈强、弱者愈弱的效应，进一步加剧了竞争的不平等性。

但是在 2023—2024 年，AI 工具的大规模应用给这个赛马场注入了新的变量。AI 工具就像马良的神笔，每个人都可以拥有，而当每个人都有了这样的“神笔”后，怎么才能在宏大的流量中占得一席之地呢？

某个做家居账号的博主看得比较透彻，她说：以前比谁家文案写得妙，现在比谁家 AI 驯得乖。她说的不无道理，她的团队有 3 个人，却操控着 20 个 AI 分身，这些 AI 分身每天 24 小时自动抓取流量洼地的话题进行实时创作并抢先发布视频，活像开了夜视仪的赛马骑手。

AI 时代的到来，本质上是为所有创作者提供了更高效的工具（如自动化内容生成、智能剪辑等），但平台对内容的评估标准并未改变——既关注生产效率（如内容输出速度），更重视内容质量（如创意、情感共鸣和用户价值）。那些试图仅依赖 AI 技术而忽视内容质量的创作者，就像为拖拉机装上法拉利的外壳，虽然短期内可能吸引眼球，但缺乏内在支撑，最终难以持续获得用户和平台的认可。

AI工具虽然可以让单人日产50条视频，但是平台创作者的增长量已经远远大于用户的增长量，所以爆款视频的判定标准也越来越高。

无论技术如何进步，短视频平台的“赛马机制”本质上仍是一种精英选拔制度。就像奥运会允许运动员穿着高科技跑鞋参赛，但绝不会仅因为装备先进而授予冠军——裁判最终只认冲线瞬间的名次。同样，在内容创作领域，那些试图依赖AI技术炮制低质量内容蒙混过关的创作者，就像为腿受伤的马装上八条腿，跑得越快，反而可能摔得越惨。

因此，虽然AI技术为内容创作提供了强大的工具，但创作者仍需专注于内容质量的提升。只有将技术与创意相结合，才能在平台的“赛马机制”中脱颖而出，赢得用户和算法的双重认可。

1.1.3 借助AI实现跃迁

1. 自媒体行业的竞争现状

凌晨三点，杭州EFC大厦的灯光下，映射出自媒体行业的激烈竞争与生存压力。当小王面对空白文档苦思冥想、灵感枯竭时，隔壁的李姐却早已借助AI工具（如DeepSeek）高效完成内容创作，轻松进入下一阶段。这种对比，犹如传统弓箭手面对现代加特林机枪，技术代差带来的效率差距显而易见。

现在，AI技术已从实验室中的高深工具逐渐演变为普及化的实用技术，类似于电饭煲这样的家用电器，正在进入千家万户。以OpenAI、DeepSeek为代表的科技巨头，将曾经复杂且难以企及的“屠龙术”转化为普通人也能轻松使用的“指甲刀”，极大地降低了技术门槛，使普通创作者也能够高效地利用这些工具。

2. AI如何赋能自媒体

回到小王和李姐的对比，李姐之所以能实现十倍效率，关键在于她能熟练运用AI工具，将重复性、低价值的工作交给机器，自己则专注于创意和策略。这种“人机协作”模式，正是未来自媒体行业的核心竞争力。在自媒体领域，AI赋能以下五大工具，帮助创作者像李姐一样，实现效率与质量的飞跃。

- 内容生成工具：如DeepSeek，快速生成高质量文案。
- 数据分析工具：精准洞察用户需求，优化内容策略。
- 视频剪辑工具：自动化剪辑，提升视频生产效率。
- 智能推荐工具：基于算法优化内容分发，提高曝光率。
- 创意辅助工具：激发灵感，突破创作瓶颈。

AI技术的普及化趋势与计算机技术的发展历程类似，均经历了从高门槛到平民化的转变。这一进程不仅降低了技术使用的门槛，也为普通创作者提供了更多可能性。

（1）产能提升

传统的内容创作模式类似于老匠人雕玉，流程烦琐且耗时。以一篇稿件为例，仅确定选题就需要约2小时，查阅资料至少需要浏览10个网页，成稿后还需反复修改8次以上。然而，随着AI技术的普及，这一过程被极大简化。以DeepSeek为例，它能够快速生成高质量内容，显著提升创作效率。

下面以“京东外卖”话题为例，展示如何借助AI工具在10分钟内完成创作，并实现100万播放量。

案例背景：

2025年2月11日16:27，京东通过“京东黑板报”公众号官宣京东外卖平台开始招募商家。

2025年2月11日18:04，我在朋友圈看到相关转发信息。当时，我正在北京大兴机场准备登机飞往长沙，飞行时间为2.5小时。我意识到，如果等到下飞机后再发布内容，可能会错过事件的热度窗口期。于是，我立即通过手机向DeepSeek发出指令。

基于DeepSeek提供的信息，我迅速整理出一段简明扼要的脚本，并利用AI工具生成视频，于18:30完成发布。最终，该视频在两天内突破100万播放量，成功抓住了事件的热度窗口期。

首先，我发送了第一条指令：

指令 1　总结当前网上关于京东外卖的信息，并按商家老板的感兴趣程度进行归纳。

DeepSeek 在搜索 45 个网页并深度分析 32 秒后，提供了以下回复。

DeepSeek 回复：

根据搜索结果，以下是关于京东外卖的信息总结，重点围绕商家老板可能关注的要点展开。

1. 佣金政策：全年免佣金吸引入驻

• 核心政策：2025 年 5 月 1 日前入驻的商家，全年免佣金（仅需支付配送服务费，费用根据订单距离、价格、时段等动态调整）。

• 对比竞品：美团外卖的实际商户佣金率为 6% ～ 8%，京东的免佣金政策直接降低商家运营成本，短期内吸引力显著。

• 适用范围：仅限“品质堂食餐厅”，需通过资质审核（如营业执照、门店照片、线下核验等）。

……

2. 入驻门槛与审核标准：聚焦品质商家

……

3. 平台支持与流量赋能

……

4. 市场竞争与商家机会

……

总结：商家决策建议

对于商家老板而言，京东外卖的吸引力主要体现在低佣金政策、强大物流支持和流量互通优势上。然而，商家也需关注入驻门槛、抽成比例及市场竞争环境等关键因素，综合评估是否值得入驻。京东外卖的推出为商家提供了新的市场机会，但其长期发展仍需观察。

此时我的航班的登机广播已经响起，我所处的休息室距离登机口大概 10 分钟的时间，我又给 DeepSeek 发布了第二条指令：

指令 2　帮我总结出 600 字以内的口播文字稿，要求用初中生也能看懂的形式表达，并且每一个逻辑配有覆盖 80% 中国人生活中常见场景的比喻。开头前 5 秒必须提出打破常规的观点。

虽然这次发送指令没有严谨的逻辑分析，但它也能理解，并迅速给出回复：

DeepSeek 回复：

大家好！今天我要告诉你一个你不知道的真相：京东外卖竟然不收商家一分钱佣金！你没听错，就像你去超市买东西，老板不仅不收你钱，还倒贴你一个购物袋！这到底是怎么回事呢？让我用生活中的例子给你讲清楚。

首先，京东外卖的免佣金政策。

……

总结一下，京东外卖的免佣金政策、高门槛入驻、强大配送能力和市场潜力，就像给商家发了一张“VIP 通行证”，既能省钱，又能抢占未来市场。如果你是商家，现在不行动，可能就错过了一个大机会！

好了，今天的分享就到这里，你觉得京东外卖能颠覆外卖市场吗？欢迎留言讨论！

此时，机场已经开始广播我的名字催促登机，于是我赶紧把稿件复制进提词器，一边往登机口走一边拍摄。登机之后坐在座位上用“剪映”自带的AI功能进行剪辑，终于在飞机起飞前把视频发布到了短视频平台。

当我落地长沙时，刚发布 3 小时的播放量已过 5 万，在餐饮外卖这一垂直领域，播放量达到 10 万即可被视为小爆款，而突破 500 万则属于现象级爆款。基于这一数据表现，我初步判断这条视频的内容方向和传播策略是正确的。

在这第一个视频发布之后，我趁着话题热度高的时候进行了二次创作，三次创作，每一条视频也都取得了不错的播放效果，而我之后的创作所做的工作无非是给DeepSeek发布一个指令：

> **指令** 以下文稿，请替换一下比喻场景，不改变结构，改写一份字数相近的稿件。原文如下：
>
> ……

你看，原本需要 3 到 4 小时才能完成的热点视频创作与发布工作，如今借助AI技术，仅需 10 分钟左右即可高效完成，且内容质量丝毫不逊色于人工精心打磨的作品。这是否堪称一次显著的产能提升？然而，这仅仅是DeepSeek最基础的功能体现。

（2）多平台联合

许多内容创作者都曾面临这样的困境：花费数天时间精心制作视频，还需要额外耗费大量精力为不同平台制作适配版本。这就像一位厨师需要为不同口味的客人准备宴席，而每位客人的要求都截然不同。

- 小红书：需要精美的竖屏构图和活泼的emoji表情，这有点类似于法式摆盘的慕斯蛋糕，注重视觉美感。
- 知乎：偏好严谨的学术框架，结合生活化的表达，用文字结合数据图表，既要有深度，又要有亲和力。
- 抖音：要求视频在前 3 秒能抓住观众的注意力，否则容易被划走，这如同跳跳糖般要瞬间引爆大家的兴趣。
- 快手：非常注重接地气的表达和互动，有点类似柴火灶大锅炖，需要浓厚的“家人们”氛围。
- B站：追求高知识密度的内容解构，如同分子料理般精细，缺乏深度则难以吸引观众。

这种多平台适配的烦琐过程，不仅耗费大量时间，还让创作者陷入重复劳动的困境。

在传统的内容创作模式下，团队需要将核心素材反复修改和适配，耗费大量人力与时间。以某头部教育机构为例，为了提升多平台视频的时效性，他们组建了一支 20 人的“跨平台特攻队”，其工作流程堪称行业缩影。

- 内容重构：主创团队需将核心知识点反复稀释和重构，如同将茅台勾兑成不同度数的散装酒，以适应不同平台的需求。
- 设计适配：设计师需为每个平台制作 5 种画幅版本，工作量呈几何级数增长。
- 文案与运营：文案组需掌握七种语言体系，运营团队每天分析几十项指标，决策延迟常导致错过流量窗口。

该团队负责人坦言："我们就像同时操作五台不同制式的印刷机，每次转型都有 60% 的创意损耗。"

然而，转机出现在 2024 年。

一些头部MCN机构发现，用AI自动处理过的视频脚本，竟能同时在抖音、快手和小红书进入热榜。他们的核心秘诀是把创意素材拆解成"核心内容+情感包装+表现形式"，再按照不同平台的适配规则组装到一起进行再创作。

例如，某美妆博主对其爆款口红进行测评，经由AI技术的精细拆解，被高效地分解为数十个可灵活重组的元素。具体而言，成分解析部分自动匹配知乎平台的长文结构，上妆效果部分则转化成了抖音平台的 15 秒卡点视频，情感故事线索则被精心包装为小红书平台上流行的沉浸式Vlog风格，增强了内容的感染力和互动性。

尤为值得一提的是，该体系内嵌的跨平台适配系统，能精准捕捉每个平台的隐秘规则。例如，在快手平台上，系统会自动在适当时间节点植入具有地域特色的"老铁"称呼，以拉近与用户的距离；而在知乎平台的长文中，每 800 字左右便智能插入可视化图表，提升阅读体验与信息吸收效率；对于朋友圈这一社交场景，系统则预留出九宫格图片布局，并鼓励用户围绕内容展开话题讨论，促进社交互动。

通过这一系列精心设计的组合策略，该机构成功将单条内容在全平台适配的时间从原先的 6 小时大幅缩短至 10 分钟，同时，其跨平台打造的爆款内容的比例，也实现了从 0 跃升至超过 20% 的高水平。

深圳某数码评测团队的例子特别有说服力，直接体现了AI技术如何大幅提升内容创作的效率。以前，这个团队有 10 个人，每周只能做出 12

条适合多个平台的内容。但用了DeepSeek系统后，只需要3个人，每周就能做出89条内容。更厉害的是，成本也大幅下降——以前做一条内容要花350元，现在只要18元。

这件事在行业内引起了广泛关注，因为它证明了，即使是小团队或个人创作者，只要用好AI工具，也能做出和大公司一样多的内容。

然而，DeepSeek的应用场景并不仅限于自媒体内容的生产环节。

（3）热点追踪器

2024年，“甘肃天水麻辣烫”的爆火成为餐饮行业和自媒体领域的热点事件。这一事件不仅展现了短视频平台的传播力量，也为自媒体人提供了关于热点捕捉与运营的宝贵经验。

2024年2月13日，短视频博主“一杯梁白开”发布天水麻辣烫实拍视频，记录当地“小小饭店”的现场制作过程。该视频获得了128.8万个点赞，转发量突破百万次，成为事件传播的初始爆点。

2月14日开始，多位中小博主开始自发前往天水探店，通过直播、短视频等形式进行二次传播，推动“甘肃天水麻辣烫”话题热度持续上升。

3月上旬，话题“甘肃天水麻辣烫”相继登上抖音、微博、快手等平台热搜榜。并且有媒体报道显示，有的核心店铺排队时长已达2～3小时，出现外地游客专程前来打卡的现象。

经过舆情分析发现，70%的热度来自抖音、快手等短视频平台，18～35岁用户占比达82%，“美食+地域文化”的内容组合能够引发共情。

5月至8月，话题热度自然回落，部分店铺通过延长营业时间、推出团购套餐维持经营，但客流量较峰值期下降一多半。

通过这次事件可以发现，如果等到热点已经在其他作品中被广泛传播后才意识到，那么当自己的相关作品发布时，热点很可能已经失去了其原有的热度。

在自媒体领域，热点事件往往具有极高的传播速度和影响力。然而，对于许多自媒体人来说，如何在热点爆发之初就迅速捕捉并创作出相关内容，一直是一个巨大的挑战。所以2025年开始，有经验的自媒体人，开始利用AI技术主动追踪热点。

借助DeepSeek，任何人都可以构建自己的“热点天眼”系统。DeepSeek能够同时监听微博超级话题、小红书笔记、淘宝、百度等平台的热门话题，甚至能捕捉到微信公众号中的潜在热点。

然而，在传统模式下，团队通常通过以下步骤来完成热点的选题工作。

- 人工刷榜：团队成员需手动浏览各大平台的热搜榜，在此过程中可能被无关内容分散注意力，导致效率低下。
- 人工筛选：由于不同成员的“网感”和筛选标准存在差异，可能导致有效信息被遗漏或无效信息被误抓。
- 交叉验证：需花费大量时间核实数据的真实性和可靠性。
- 团队决策：在决策会议上，团队成员可能因意见分歧而耗费数小时讨论。

这种模式不仅效率低下，还容易因人为因素导致信息遗漏或误判。而使用DeepSeek，通过一条提示词就可以在半分钟之内完成上述所有工作。搭配自动化工作流，可实现分钟级的热点监控。

例如，想了解餐饮行业的热点信息，可以借助DeepSeek进行了解，发布提示词如下：

提示词 请提供2025年2月以来餐饮行业的热点新闻，重点关注行业动态、市场趋势、政策法规、技术应用。

同时，还需要获取2025年2月以来在抖音、B站、小红书等视频平台上爆火的餐饮相关视频，重点关注美食制作类、网红打卡类、知识科普类、搞笑或趣味类、品牌推广类等。

DeepSeek 很快就会给出回复：

DeepSeek回复：

以下是2025年2月以来餐饮行业的热点新闻，以及在抖音、B站、小红书等视频平台上爆火的餐饮相关视频的整理。

一、餐饮行业热点方向（预测）

1. 行业动态

新品牌崛起：新兴餐饮品牌通过差异化定位和创新模式快速占领市场。

跨界合作：餐饮品牌与娱乐、时尚、科技等领域跨界合作，打造联名产品或主题活动。

供应链优化：餐饮企业通过数字化手段优化供应链管理，提升效率和降低成本。

2. 市场趋势

健康饮食：消费者对健康、低糖、低脂、植物基食品的需求持续增长。

本地化与全球化结合：地方特色美食通过创新形式走向全国甚至全球，同时国际美食本土化趋势明显。

个性化定制：根据消费者偏好提供定制化菜单和服务。

3. 政策法规

食品安全监管：政府对餐饮行业的食品安全监管力度持续加强，推动行业规范化发展。

环保政策：餐饮企业需遵守限塑令、减少食物浪费等环保政策。

劳动法规：餐饮行业需用工规范化，保障员工权益。

4. 技术应用

AI与自动化：AI点餐系统、智能厨房设备、无人餐厅等技术应用逐渐普及。

数字化营销：通过大数据分析消费者行为，实现精准营销。

虚拟现实（VR）体验：利用VR技术为消费者提供沉浸式用餐体验。

二、视频平台爆火内容方向（预测）

1. 美食制作类

创意菜品：展示独特、创新的美食制作过程，如分子料理、跨界融合菜等。

家庭厨房：简单易学的家常菜教程，适合普通消费者模仿。

地方特色：挖掘地方传统美食的制作工艺和文化背景。

2. 网红打卡类

探店视频：博主探访热门餐厅，分享真实体验和推荐菜品。

隐藏美食：发掘小众但美味的餐厅或街头小吃。

主题餐厅：展示具有独特装修风格或文化主题的餐厅。

3. 知识科普类

食品安全：普及食品安全知识，帮助消费者辨别健康食品。

营养搭配：讲解食物的营养成分和合理搭配方法。

餐饮创业：分享餐饮行业的创业经验和经营技巧。

4. 搞笑或趣味类

美食挑战：如大胃王挑战、奇葩食材尝试等。

趣味实验：如用非常规工具制作美食、复刻影视剧中的经典菜品等。

幽默段子：以美食为题材的搞笑短视频，吸引年轻观众。

5. 品牌推广类

品牌故事：讲述餐饮品牌的创立历程和文化理念。

新品发布：通过短视频展示新品的特色和卖点。

用户互动：发起话题挑战或用户投稿活动，提升品牌曝光度。

三、获取热点新闻与视频的建议

1. 新闻来源

行业媒体：关注《餐饮老板内参》《红餐网》等专业媒体。

政府网站：查阅市场监管总局、商务部等发布的政策法规。

社交媒体：关注微博、微信公众号等平台的热门话题。

2. 视频平台

抖音：搜索“美食”“探店”“餐饮创业”等关键词，查看热门视频。

B站：关注美食区UP主，查看播放量高的科普或趣味视频。

小红书：搜索“网红餐厅”“美食打卡”等关键词，查看用户推荐内容。

> 总结
>
> 以上预测和建议可以帮助您提前了解餐饮行业的热点方向和视频平台的创作趋势。如果您需要实时信息，建议定期关注行业媒体和视频平台的热门内容。

以上详尽的回答，是不是顶上一个小团队个把小时的工作量了？

天水麻辣烫的爆红与退热，生动体现了新媒体时代热点传播的时间特性。与 2020 年相比，2024 年的舆情监测窗口期从 72 小时压缩至以小时甚至分钟为单位。在这场数字时代的闪电战中，传统的人工监测方式显得效率低下且滞后；而 DeepSeek 的全网搜索整合功能如同部署在外太空的预警雷达，能够穿透微博、小红书、美团点评等平台，在热点萌芽阶段预判其传播轨迹。

当人类团队还在会议室争论“甘肃天水麻辣烫是否会成为下一个淄博烧烤”时，DeepSeek 已完成数万条语义分析并输出精准的传播策略。这一对比揭示了新媒体生态的核心规律：热点响应速度每提升 1 分钟，流量捕获效率便会成倍增长。

甘肃天水麻辣烫的案例表明，在新媒体时代，热点传播的速度和效率已成为决定成败的关键因素。DeepSeek 凭借其全网搜索整合和语义分析能力，不仅能够快速捕捉热点，还能为创作者提供精准的传播策略，甚至主动创造热点。这一工具的应用，标志着内容创作与传播进入了全新的智能化时代。

（4）创意生产机

在深夜时分的某城市科技园区内，一位剧本杀店铺的经营者正全神贯注地审视着电脑屏幕，细细品味着自己精心创作的作品。他最新利用 DeepSeek 技术生成的剧情方案，标题“未来科技与传统美食的碰撞——2080 年长白山仿生人为争夺古老酸菜食谱展开的量子黑客行动”颇为引人注目。这一看似荒诞不经的设定，竟奇迹般地吸引了 80% 的玩家到店，半年前，店铺还困于“豪门纷争”“古代恩怨”“情感纠葛”等传统的话题中，玩家兴趣寥寥。

在创作领域内，一个不容忽视的事实是，人类创作者往往受限于自身的认知和经验范围。例如，当思考“传统美食”时，思维往往会不自觉地导向乡村风情、质朴的餐馆老板娘或地道的地方菜肴等固有印象。许多职业创作者在接到新的创作任务时，其初稿往往难以摆脱过往作品的影子，呈现出高度的相似性。

而DeepSeek的出现，为创作者面临的创意困境提供了全新的解决方案。它内置的“概念对撞机”功能，能够将两个看似完全不相关的元素巧妙地结合在一起，生成让人眼前一亮的创意。例如，它可以轻松地将不同的内容方向进行组合。

- 外卖配送员+间谍电影：想象一下，一个外卖小哥的电动车后备箱里藏着一颗微型核弹，他表面上送外卖，实际上在执行秘密任务，是否很戏剧化？
- 孟母三迁+元宇宙：把古代“孟母三迁”的故事搬到未来世界，变成一位AI监护人每 72 小时就要为他数字身份的孩子重新选择虚拟学校。
- 地方烧烤+金融战争：一家烧烤店的老板利用供应链数据，击溃了试图做空他生意的金融大鳄。

通过这些例子可以看出，DeepSeek的“概念对撞机”功能能够打破常规思维，帮助创作者从全新的角度挖掘创意，让内容更加有趣、吸引人。

DeepSeek的这一创新玩法，不仅打破了人类思维的固有框架，还解决了两大核心问题。

一是“经验束缚”，传统创作往往受到既有路径的局限，而DeepSeek则如同一张全息地图，不仅展现了所有可能的路径，还能开辟出全新的出口。

二是“认知局限”，人类创作者在构思职场剧时，往往局限于都市写字楼等场景，而DeepSeek则能引领创作者探索深海、太空乃至微观世界等全新领域，为观众带来前所未有的视觉与思维冲击。

当然，DeepSeek的强大功能并非仅仅为了娱乐或满足好奇心，其最终目的是服务于人类社会的商业活动，实现更高的投入产出比。

（5）超低成本

有个朋友在武汉经营着一家MCN公司。在2022年，他的公司拥有一支由15名文案人员组成的团队，每月需承担的人力成本高达22万元。然而，尽管投入巨大，该团队的产能却始终徘徊在每月500条内容左右，难以有显著提升。

如今，这个朋友的会议室已变得冷清了不少，原来的团队解散后，取而代之的是三位实习生，他们借助DeepSeek这一创新工具，当月已高效地产出了817条内容，且爆款率相比以往还提升了32%。

这一组简单的数据，正展示着DeepSeek显著的成效和财务数据，向每一个传统内容机构发出强有力的挑战和启示。它表明，在数字化转型的浪潮中，创新技术和工具的应用对于提升生产效率、优化内容质量具有不可忽视的重要作用。

我们先来了解下传统MCN模式的两大痛点：成本黑洞与产能陷阱。

- 人力黑洞：在传统MCN机构里，人力成本就像个无底洞。假如初级文案需要3人，月薪1.2万元，则共需要3.6万元；资深文案需要2人，月薪2.2万元，则共需要4.4万元。除了工资，还有社保、公积金，另外，再加上下午茶、加班费这些福利，可能又需要0.8万元。这样算下来，每月的人力成本可能高达8.8万元。这还没算上办公桌椅、电脑、房租等固定成本，简直是吸金的“人力黑洞”。
- 产能陷阱：在内容创作领域，并非所有视频都能获得流量，更不是所有视频都能成为爆款。如果团队面临低效产出与爆款稀缺的问题，那么人力成本只是表面问题，产能低下才是更深层次的致命隐患。以一支5人文案团队为例，每人每天平均产出0.67条内容（这一数据已扣除开会、改稿及内部沟通的时间消耗）。按一个月计算，团队总产出约为100条内容。然而，内容创作如同“过山车”，爆款率仅为6%。这意味着，一个月内真正具有竞争力的内容仅有6条。

除了显性的人力成本，传统内容创作模式还伴随着诸多隐性成本，这些成本进一步侵蚀了团队的盈利能力。

- 试错损耗：每月可能产生37条废稿，直接造成4.2万元的成本损失。

• 热点错失：因未能及时捕捉热点，预估流量损失达 9 万元。
• 管理耗散：总监将 60%的时间用于协调沟通，折算成本为 3.6 万元。

所以真实成本收益率只能用“惨淡的收支平衡”来形容。让我们把账算清楚，6 条爆款内容，每条能带来 5 万元收益，总共 30 万元。但成本呢？人力成本 8.8 万元，试错成本 4.2 万元，流量损失 9 万元，管理耗散 3.6 万元，加起来 25.6 万元。算下来，收益率只有 1.2。换句话说，折腾一个月，才勉强盈利。

上述数据揭示了传统 MCN 机构的现实困境：尽管团队看似忙碌，但其实际收益大部分被成本和损耗所吞噬，本质上是在为平台和员工打工。

在这样的背景下，DeepSeek 作为一种高效工具，能够显著降低隐性成本，提升整体收益率。下面以 2024 年底长沙一家 MCN 机构的改造案例为例，详细分析 DeepSeek 是如何通过技术手段实现成本优化与产能提升的。

首先说说硬件配置，虽然他们用的最先进的 AI 工具，但是成本却远远低于传统模式。比如 DeepSeek 和剪映这些 AI 工具，近乎免费，用起来就像开挂。实习生有 3 人，月薪 4500 元，总共才 1.35 万元。云服务和 API 调用费一个月才 5000 元，再加上一些零零碎碎的杂费 6000 元，月总成本加起来约 2 万元，相当于一个总编辑的工资。与传统 MCN 机构相比，这一成本结构具有显著优势，甚至令人难以置信。

再来看看 AI 是怎么实现产能爆破的：通过 AI 工具的应用，该机构的产能和爆款率实现了质的飞跃。单日产出峰值可达 10 条以上，月均产能从传统模式的 100 条飙升至 300 条，爆款率从 6%提升至 14.7%，有效产出从 6 条大幅增加至 44 条。

这种效率的提升，如同为内容生产装上了火箭发动机，彻底改变了行业的成本与收益结构。

除了显性的成本节约与产能提升，AI 还带来了显著的隐性收益。AI 通过爆款特征分析可以有效实现废稿拦截，直接把低潜力选题淘汰掉，节省了 580 元/条 ×37 条的成本，一共 2.15 万元。并且 AI 能够快速捕捉热点，抢发时间窗口带来的流量溢价可达 10 万元以上。此外，爆款内容还能自动衍生出图文、音频、问答等内容，进一步挖掘长尾收益。

这么算下来，44 条爆款内容，如果每条 5 万元，加上 8 万元的流量溢价和 9 万元的长尾收益，一共 237 万元。再比较下成本 2 万元，可以发现投入产出比达到了惊人的 118.5 倍。这一数据表明，AI 流水线不仅大幅降低了成本，还显著提升了收益，彻底消除了内容行业长期存在的中间损耗。

另一个头部直播公司更是玩出了新花样：让 AI 直接生成 200 版话术，人类主播挑选最顺口的 5 版混搭使用，GMV（商品交易总额）提升 300%。这是人机结合的最佳搭配方式：机器负责穷尽可能性，人类负责在可能性中寻找感性和情绪的闪光点。

当一些先行者通过 DeepSeek 建立起高效的内容流水线时，仍依赖传统手工模式的人将面临被淘汰的风险。在这场智能化革命中，创作者只有两种选择：要么驾驭技术，成为行业的引领者；要么被技术浪潮吞没，沦为竞争的牺牲品。AI 技术的普及正在重塑内容行业的竞争格局。只有主动拥抱技术变革，掌握智能化创作工具，才能在未来的内容生态中占据一席之地。

1.2 DeepSeek账号配置

DeepSeek 不仅功能强大，而且配置与使用也非常简单，无论是新手还是专业人士都能快速上手。下面介绍关于 DeepSeek 的使用方法，包括网页版、手机 App 版及 API 的详细操作步骤。

1.2.1 DeepSeek网页版使用方法

1. 访问官网

打开浏览器，输入 DeepSeek 的官方网址（https://chat.deepseek.com/），如图 1-1 所示，然后按“Enter”键进入官方页面。

图 1-1　Deep官方页面

2. 注册和登录账号

选择“开始对话”，进入DeepSeek的登录页面，如图 1-2 所示。

图 1-2　网页版登录页面

如果是首次使用，需要先使用手机号、微信或邮箱进行注册，然后再登录。登录成功后，将进入如图 1-3 所示的对话页面。

图 1-3 对话页面

在对话框中输入内容，然后单击“发送”图标，即可与DeepSeek开始对话。

3. 选择模型

DeepSeek提供三种模式，即基础模型（V3）、深度思考（R1）和联网搜索。在对话界面中，可根据需要进行选择。

（1）基础模型（V3）

基础模型（V3）是DeepSeek的标配，适用于大多数任务，也就是在对话页中既不选择“深度思考（R1）”，也不选择“联网搜索”，如图 1-4 所示。

图 1-4 基础模型模式

（2）深度思考（R1）

深度思考（R1）模式擅长逻辑推理任务（如代码生成、数学题解答），如果需要深入的逻辑分析，发送指令时可在对话页面中选择“深度思考（R1）”，如图 1-5 所示。

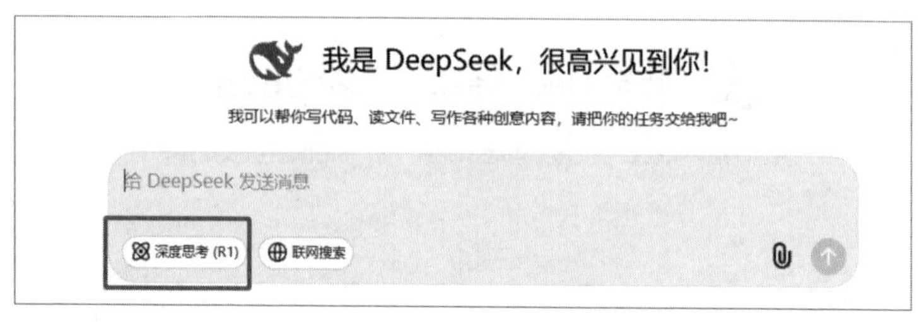

图 1-5 深度思考（R1）模式

（3）联网搜索

联网搜索模式是DeepSeek的AI搜索功能，基于RAG（检索增强生成），这一模式让DeepSeek不仅能依赖它自己的知识库，还能根据互联网实时搜索相关内容来回答问题。如果需要链接知识库，可以在对话页面中选择“联网搜索”，如图 1-6 所示。

图 1-6 联网搜索模式

4. 开始使用

在DeepSeek对话页面中的输入框中输入问题或任务，等待DeepSeek生成回答即可。以了解人工智能为例，比如可以在对话框中输入“人工智能的发展与现状”，然后单击对话框右侧的“发送”按钮，如图 1-7 所示。

图 1-7 输入内容并发送

DeepSeek将会给出相应的回复，如图1-8所示。

人工智能（AI）的发展与现状可以概括为以下几个关键点：

1. 发展历程

- **20世纪50年代至20世纪70年代：早期探索**
  - 1956年达特茅斯会议标志着AI的正式诞生，早期研究集中在符号逻辑和问题求解。
  - 代表性成果包括艾伦·图灵的"图灵测试"和早期的专家系统。
- **20世纪80年代至20世纪90年代：专家系统与机器学习兴起**
  - 专家系统在特定领域取得成功，但受限于计算能力和数据。
  - 机器学习开始发展，尤其是统计学习方法。
- **20世纪初至20世纪10年代：深度学习崛起**
  - 计算能力提升和大数据兴起推动了深度学习的突破。
  - 2012年，AlexNet在图像识别竞赛中取得显著成绩，深度学习成为主流。
- **20世纪10年代至今：AI广泛应用**
  - 深度学习在计算机视觉、自然语言处理等领域取得重大进展。
  - 生成式AI（如GPT、DALL·E）和强化学习（如AlphaGo）成为热点。

2. 现状

- **技术突破**
  - **自然语言处理（NLP）**：GPT-4等模型在文本生成、翻译等任务中表现出色。
  - **计算机视觉**：图像识别、目标检测等技术广泛应用于安防、医疗等领域。
  - **强化学习**：在游戏、机器人控制等复杂任务中取得进展。

图1-8　网页版DeepSeek的回复

1.2.2 DeepSeek手机App版使用方法

1. 下载安装

在手机中安装使用DeepSeek比较方便，在手机自带的应用商店（如App Store或华为应用市场）中搜索"DeepSeek"，找到该App后，点击"安装"按钮即可，如图1-9所示。安装后，桌面上将会出现DeepSeek的小图标。

图1-9　手机搜索DeepSeek并安装

此外，也可以通过官网提供的下载链接直接获取安装包。

2. 登录账号

打开DeepSeek的App后，可以使用手机号、微信或邮箱登录，如图 1-10 所示。

3. 选择模型

手机版DeepSeek的模式选择与网页版类似，可根据需要选择相应的模式，如图 1-11 所示。

4. 开始使用

在App中输入问题或任务，DeepSeek即可生成相应的回答，如图 1-12 所示。

图 1-10　手机版登录页面

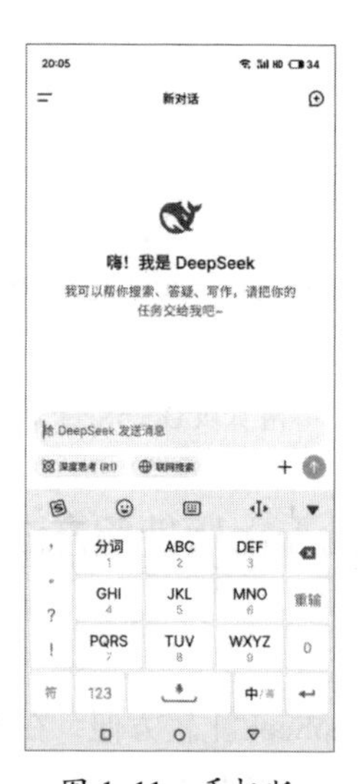

图 1-11　手机版模式选择

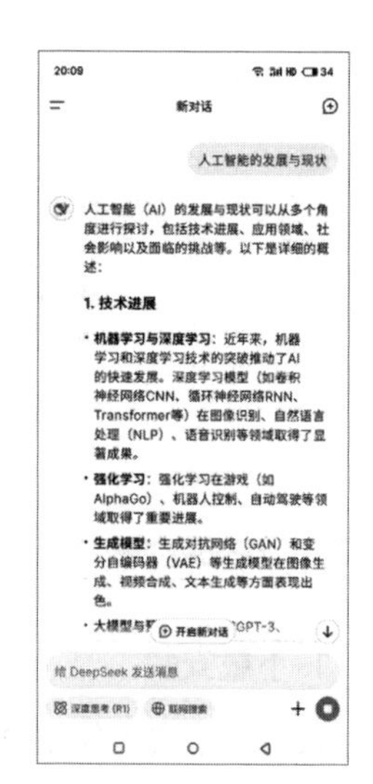

图 1-12　手机版DeepSeek的回复

1.2.3 DeepSeek API使用方法

1. 获取 API 密钥

DeepSeek API的服务商为硅基流动，在浏览器中输入硅基流动的官方网址：https://cloud.siliconflow.cn，在打开的页面中注册账号并获取API密钥，如图1-13所示。

图 1-13　注册/登录页面

2. 选择客户端

下载并安装支持API调用的客户端工具，例如Chatbox AI，如图1-14所示。

图 1-14　下载Chatbox AI

3. 配置 API

打开客户端，进入设置页面，输入API密钥并选择服务商（目前腾讯云、硅基流动等服务商都提供DeepSeek大模型API）。设置页面如图 1-15 所示。

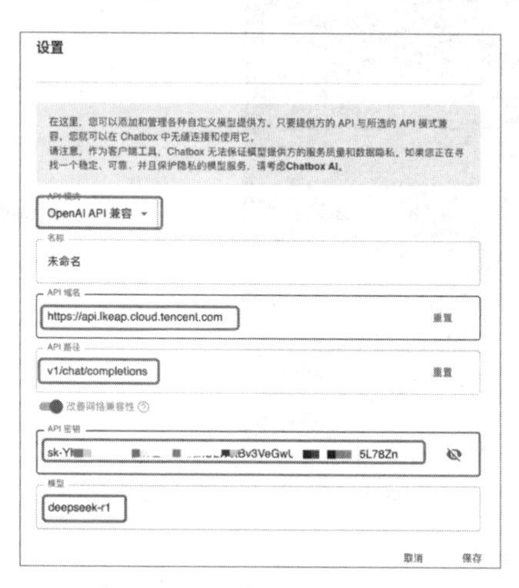

图 1-15　配置 Chatbox 的 API

4. 测试 API

设置完成后，即可在客户端中输入问题，测试API是否正常工作，如图 1-16 所示。确保模型已切换为R1（如需使用高级推理功能）。此外，API服务通常按用量计费，建议定期查看使用量和费用，避免超额。

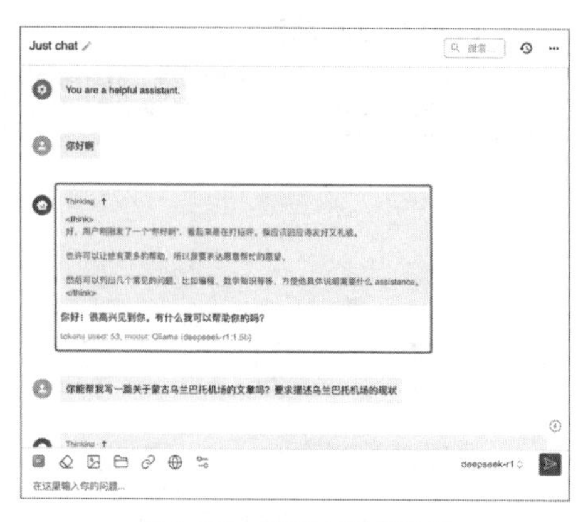

图 1-16　测试 API 有效性

1.2.4 本地部署DeepSeek

这种方法适合离线环境及需要保密的场景。

1. 安装 Ollama

访问Ollama官网：https://ollama.com/，下载页面如图1-17所示。然后，单击“Download”按钮进行下载，并安装Ollama。

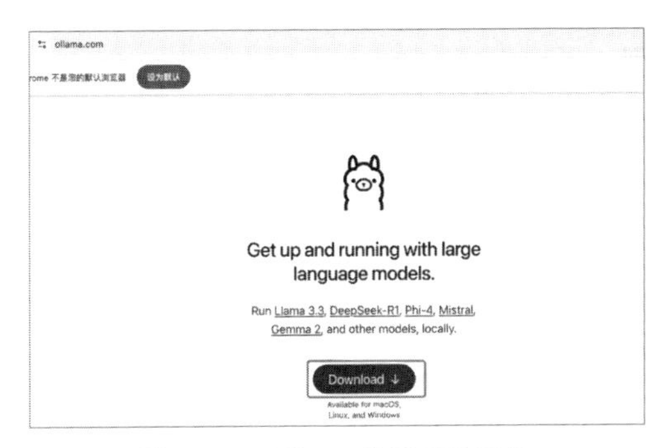

图1-17 Ollama官网下载页面

2. 选择模型版本

在网页https://ollama.com/library中选择DeepSeek模型（推荐R1的1.5b版本，适合普通电脑性能），如图1-18所示。

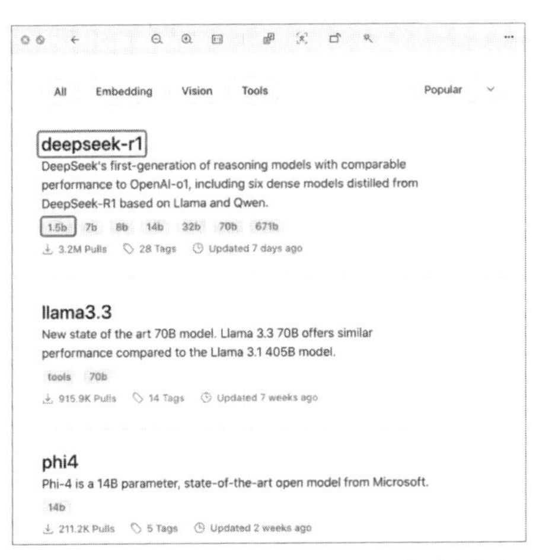

图1-18 选择合适的DeepSeek本地模型

3. 安装模型

打开命令行工具（Windows为CMD，Mac为Terminal），输入以下命令：

```
ollama run deepseek-r1: 1.5b
```

然后运行。

4. 使用模型

安装完成后，在命令行中输入问题，等待模型生成回答，如图 1-19 所示。

```
yanhan — ollama run deepseek-r1:1.5b — 80×24
yanhan@192 ~ % ollama run deepseek-r1:1.5b
>>> 你好，请给我唱首歌
<think>
好，用户说"你好，请给我唱一首歌。"看起来他们可能在寻求帮助或者想听到一首歌
曲。我需要先确认一下他们的具体需求。

首先，他们可能希望这首歌适合什么年龄段？是年轻人还是老年人？是流行、摇滚还是
民谣之类的风格？

其次，考虑到他们的身份可能来自不同的群体，比如学生、普通人或entertainment爱
好者，可能有不同的偏好和目标。例如，有些可能喜欢轻松搞笑的歌曲，而 Others更
注重情感表达。

接下来，我需要回想一下有哪些经典的歌曲，或者根据他们提到的情感来选择合适的主
题。如果他们没有具体要求，我可以推荐一些通用风格的选择，比如流行、摇滚、民谣
或经典曲目。

最后，考虑到他们的回复可能会有不同的反馈和互动，我会保持开放态度，继续提供帮
助，同时确保内容符合他们的期待。
</think>

你好！当然可以！以下是一首适合的歌曲：

## 《我们》（1984年版）
```

图 1-19　本地模型运行结果

1.3 DeepSeek对话必知提问公式

1.3.1 新手普遍误区

十年前在创业初期，我非常热衷于学习成功人士的经验，阅读大量传记和报道，但实际上这些对我创业的帮助很有限。直到一位财务自由

的朋友提醒我："万解皆可包，唯有题无价。"我意识到，明确自己的问题比寻找答案更重要。从此，我在学习前都会先明确目标，如果没有清晰的问题，则宁愿不做。这一改变使我的认知和创业进展迅速提升，三年内成为餐饮服务行业的佼佼者。

现在很多人把DeepSeek当成万能工具，以为有了它就可以得到想要的答案，犯的是和我创业初期一样的毛病。其实，DeepSeek就像个厨房，里面从工具到食材一应俱全，厨师进去能做一桌子米其林级别的美食，普通人进去可能连个方便面都煮不好。

因此，在使用DeepSeek之前，用户需要明确以下两点。

- 清晰定义需求：用户需要能够具体、量化地描述自己想要的答案，确保问题明确且可操作。
- 理解工具的逻辑：用户应思考，如果自己是DeepSeek，会通过哪些步骤来最有效地获取正确答案。这有助于更高效地使用工具，避免盲目依赖。

DeepSeek虽然功能强大，但其效果取决于用户对需求的明确程度和操作能力。只有具备清晰的目标和合理的操作步骤，DeepSeek才能充分发挥其价值。

清华大学对人工智能的一项研究成果表明，人类提示词的水准对AI输出答案质量的影响占比超过65%。也就是说，你要想让DeepSeek输出的答案达到及格线，必须得训练自己的提问水平到及格线。下面我们来一步步地提升我们提问的水平。

通常，新手在使用DeepSeek时最容易犯的毛病就是，自己提问的方式不对，导致生成的答案达不到预期，从而对DeepSeek失去信任和兴趣。因此，在向DeepSeek进行提问时，要特别注意避免如下误区。

（1）问题过于宽泛

在使用DeepSeek时，用户提出的问题范围过大，缺乏针对性，导致DeepSeek难以提供具体、可操作的答案。例如，问"如何做自媒体"这样的问题，类似于询问"我怎么才能发财"，即使是最专业的专家也难以给出明确的解决方案。

因此在提问时，尽量将问题细化，明确具体的目标和场景。例如，将“如何做自媒体”改为“如何从零开始运营一个美食类抖音账号”或“如何通过微信公众号实现月收入过万”。通过限定领域、目标和平台，可以让DeepSeek提供更具针对性的建议。

（2）缺乏上下文

在向DeepSeek进行提问时，如果用户没有提供足够的背景信息，将会导致DeepSeek的回答不够精准。例如，你让一个初次见面的朋友帮你买衣服，但对方对你的身高、体型、风格偏好一无所知，自然无法推荐合适的款式。

因此在提问时，应尽量提供详细的背景信息。例如，你希望DeepSeek帮助你制订学习计划，可以补充说明你的学习目标、当前水平、时间安排等信息。DeepSeek的优势在于能够处理大段文字并理解复杂的上下文，因此提供越多的相关信息，越有助于获得精准的回答。

（3）一次性提问过多

在向DeepSeek进行提问时，如果用户在一个问题中包含多个子问题，将会导致DeepSeek难以聚焦核心问题，回答可能显得混乱或不完整。例如，同时询问“如何提升写作能力”“如何选择写作主题”“如何推广文章”等问题，DeepSeek将会难以分清主次。

因此在提问时，要将复杂问题拆解为多个独立的小问题，逐一进行提问。例如，可以先问“如何提升写作能力”，再根据回答进一步追问“如何选择适合的写作主题”。通过分步提问，可以确保每个问题都能得到充分解答，同时避免信息过载。

（4）忽视反馈机制

有的时候，用户在获得DeepSeek的回答后，没有对DeepSeek进行进一步的追问或没有要求对答案进行调整，就会错失优化结果的机会。其实，与DeepSeek的交互应是一个动态的过程，而非一次性问答。

我们可以将DeepSeek视为一个对话伙伴，通过多轮交互逐步优化答案。就像去餐厅点餐，我们需要和服务员经历多轮对话才能够把一桌菜点齐，那么和DeepSeek聊天也是一样的，需要通过多轮的信息交互，才能确保DeepSeek正确理解了我们的意图。例如，如果DeepSeek回答得不够具体，可以追问“能否提供更详细的步骤？”或“能否举例说明？”。因此，只有通过不断调整问题的方向，才可以确保DeepSeek更好地理解我们的需求，从而更深入地思考问题。

（5）过度依赖DeepSeek

用户完全依赖DeepSeek生成内容，缺乏人工审核和优化，导致结果质量参差不齐。例如，这就好像让别人帮我们写演讲稿，即使语言流畅、逻辑清晰，所有的意思和语言都没有问题，也可能不符合自己的表达习惯或风格。而DeepSeek最大的作用是辅助思考和辅助搜集信息，具体的表达结果还是需要提问者把关。

因此，在使用DeepSeek时，要将DeepSeek视为辅助工具，而非完全依赖的对象。在使用DeepSeek生成内容后，一定要进行人工审核和优化，确保内容符合自己的需求和风格，并对最终结果负责，确保其具有准确性和适用性。

总的来说，虽然DeepSeek是一个功能强大的工具，但其反馈效果取决于用户的使用方式。通过明确目标、提供上下文、分步提问、迭代优化及人工审核，用户可以最大限度地发挥DeepSeek的价值，获得更精准、实用的答案。

1.3.2 DeepSeek提问标准

在上一个小节中，我们了解了DeepSeek的使用误区，那么在使用DeepSeek时，我们应该怎么做呢？接下来我们将讲解DeepSeek的提问标准。

1. 明确目标

在向DeepSeek进行提问前，用户需要清楚地知道自己想要得到什么样的答案，避免提出模糊不清的问题。明确的目标有助于DeepSeek更好地理解需求，从而给出更精准的回答。如果对“明确目标”感到困惑，可以参考“SMART”原则，即目标应具备以下特点。

- 具体（Specific）：目标清晰明确，避免笼统。
- 可衡量（Measurable）：目标可以通过数据或指标量化。
- 可实现（Attainable）：目标在能力范围内，具有可行性。
- 相关性（Relevant）：目标与自身需求紧密相关。
- 时限性（Time-bound）：目标有明确的完成时间。

例如，对于“如何做自媒体”这一宽泛问题，可以将其转化为“对于抖音账号，如何在新账号状态下，一个月内获得1000个粉丝的关注”，这样DeepSeek就能提供更具针对性的建议。

2. 提供上下文

在向DeepSeek进行提问时，用户应提供足够的背景信息，才能帮助DeepSeek更好地理解用户需求。就像和朋友聊天，只有结合前面的聊天才能给出现在的答案。DeepSeek也一样，只有理解上下文信息，才能够使回答更符合实际情况，避免信息不足导致回答偏离预期。

例如，如果提问者是一位美食博主，可以提供以下背景信息：“我是一个美食博主，主要分享家常菜谱。我从小在山东长大，但30岁后长居长沙，因此对鲁菜和湘菜非常熟悉。此外，我还在法国取得了蓝带证书，对西餐也有较深的了解。”

这样的信息能够帮助DeepSeek结合提问者的专业背景和地域特点，提供更贴合实际的建议。

3. 分步提问

在向DeepSeek进行提问时，对于复杂的问题，建议将其拆解为多个简单的问题，逐步深入提问，确保每个问题都能得到精准回答。如果一次性提出过多问题，则可能导致DeepSeek生成的回答混乱，难以聚焦用户的核心需求。

例如，对于“如何做自媒体”这个宽泛的问题，可以将其拆解为以下几个子问题：

“我想要快速涨粉，如何选择适合的自媒体平台？”

“既然选定了××平台，如何制定符合该平台特性的内容策略？”

“如何设计内容以增加粉丝互动？”

通过将问题细化，分步进行提问，DeepSeek可以更系统地生成答案，同时避免信息过载。

4. 迭代优化

对于DeepSeek生成的回答，用户还可以进行反馈和调整，不断优化提问方式，直到获得满意的结果。迭代优化是一个动态的过程，能够帮助DeepSeek更好地理解用户需求，并提供更精准的回答。

例如，如果DeepSeek生成的回答不够具体，我们还可以继续追问：

“这个回答能否提供更多细节？”

“是否有成功案例可以佐证？”

甚至简单的一句“再想想”，也能促使DeepSeek进一步优化回答。通过多轮交互，用户可以逐步接近理想的答案。

5. 人工审核

尽管DeepSeek功能非常强大，但它生成的回答也可能会出现错误或不合适的内容。例如，在没有掌握提问者要求的文化背景时，DeepSeek可能会出现“翻译腔”，导致生成的答案可读性不佳；或者提问者给出的要求过于粗糙，DeepSeek可能会生成明显不符合事实的结论（俗称DeepSeek幻觉）。这时，就需要提问者进行人工审核。

人工审核能够避免因DeepSeek的局限性（如“翻译腔”或“幻觉”现象）而导致的内容偏差。因此，在使用DeepSeek时，对其生成的内容都需要经过人工审核和优化，以确保准确性和适用性。

1.3.3　7大黄金提问公式

通过明确目标、提供上下文、分步提问、迭代优化和人工审核，用户可以更高效地利用DeepSeek，获得精准、实用的答案。DeepSeek虽功能强大，但其效果取决于用户的使用方式。只有通过合理的提问和优化，才能充分发挥其价值。

在向DeepSeek进行提问时，掌握了提问标准之后，通常也能获得理想答案。但用户可能会发现，每次向DeepSeek进行提问时，都像完成一篇独立的小作文，导致在提问前花费大量时间却仍难以抓住重点。那么有没有什么公式可以让我们的提问更简便一些呢？

对于自媒体从业者而言，爆款视频通常会遵循一些固定的创作框架，例如，【前5秒吸引注意力】+【5～20秒制造悬念】+【20～50秒提供价值】+【最后5秒引导互动】。其实，类似的逻辑也适用于DeepSeek的提问。为了帮助初学者更高效地与DeepSeek对话，基于自媒体行业的深耕和对DeepSeek的使用经验，下面整理出了7大黄金提问公式，这些框架涵盖了大多数常见场景，能够帮助大家更好地与DeepSeek进行对话，并显著提升提问效率。

1. 明确目标 + 量化标准型

在向DeepSeek进行提问时，模糊的指令往往会导致DeepSeek无法准确理解用户需求，从而生成偏离预期的答案。因此，用户需要明确具体的目标，并设定一些量化标准，这是高效提问的基础。

假设你想让下属帮你完成一项任务，但没有给出明确指示，例如："请帮我写一篇短视频行业的分析报告。"这种指示可能会导致以下问题。

你想要全球范围内短视频平台的分析报告，而下属可能只分析了某个特定平台（如抖音）的。

你想要侧重创作者端的数据，而下属可能整理了一些平台端信息。

此外，你想在三天内拿到分析报告，而到了第三天，下属可能只完成了一半。这能怪下属吗？不能，你只能怪自己没表达清楚。因为你未明确截止时间，而导致下属可能无法在预期时间内完成任务。

因此，在向DeepSeek提问时，我们需要明确目标，并设定量化标准，帮助DeepSeek更好地理解我们的需求。提问公式如下：

如何在【时间范围】内通过【平台/方法】实现【具体目标】？请将方案拆解为至少【数量】个步骤。

例如："如何在30天内通过抖音平台获得1000个粉丝？请将方案拆

解为至少 5 个具体步骤。”

2. 角色指定 + 背景提供型

在向DeepSeek进行提问时，如果仅提问“如何在抖音上吸引更多粉丝”，那么DeepSeek的回答可能过于泛泛，无法满足用户的具体需求。

要想让DeepSeek的答案更贴合我们的需求，首先要让它知道我们是谁、我们的特点、我们的性格、我们的经历，我们提供的信息越丰富越好，这有助于DeepSeek更好地理解我们的问题，从而生成更贴合需求的答案。

因此，在提问中要先明确提问者的角色，再提供足够的背景信息，可以参考如下提问公式：

我是一个【角色/身份】，主要的【活动或领域】，面向【目标受众】。请问如何【具体问题】？

例如：“我是一个有十年教龄的健身教练，主要分享健身动作和饮食教程，面向想改善身材的普通人。请问如何在抖音上吸引更多粉丝？”

3. 分步拆解 + 逐步深入型

在程序员群体中，有一个很有趣的笑话。

有个程序员下班回家前，接到了妻子的电话：“下班路上去买 3 斤土豆，如果看到有卖西瓜的，就买半个回来。”

程序员答应了，然后就去买菜了。结果他回到家，手里只拿着半个土豆。

妻子一看，愣住了，责怪道：“我让你买 3 斤土豆，你怎么只买了半个？”

程序员一脸无辜地说：“因为你说如果看到有卖西瓜的，就买半个啊！我看到有卖西瓜的，所以就买了半个（他以为是指买半个某种东西，结果误解成了半个土豆）。”

这就是一次性输入过多信息导致执行动作混乱，如果妻子把这个条件进行拆解也许就不会出错了。比如先提出：下班路上去买 3 斤土豆。等丈夫回应了之后，再说：如果看到有卖西瓜的，就买半个。

这个笑话展现了程序员对指令或条件的字面理解，有时这种理解可能与日常语境中的含义存在偏差。

在向DeepSeek提出问题时，一次性提出过多问题可能导致DeepSeek无法聚焦核心需求。例如，同时提问“如何选择平台”“如何制定内容策略”“如何增加粉丝互动”，可能会让DeepSeek难以兼顾。

因此，我们需要将复杂问题拆解为多个简单问题，逐步深入，避免一次性输入过多信息导致回答混乱。在处理复杂问题时，我们可以分步骤进行提问，逐步深入。公式如下：

我想要实现【具体目标】，第一步如何【核心行动】？如果我选择了【具体选项】，第二步如何【细化行动】？最后如何通过【具体方法】实现【最终目标】？

例如，针对自媒体如何实现粉丝量增长，可以先提出“我想要短期内获得最大粉丝量，如何选择自媒体平台？”，再提出“如果我选择了××平台，如何制定内容策略？”，最后再提出“如何通过内容设计增加粉丝互动？”。

4. 批改作业 + 迭代优化型

在写作文时，可能刚开始文不对题，经老师指点，可能符合题目要求了，但又层次不清。于是，老师继续对你指点，这次结构层次清晰了，但语言表达不够流畅。这时，老师又对你进行指点，经过多次改进，最后你完成了一篇完美的作文。

这个过程中，我们用户就相当于老师，而DeepSeek就相当于写作文的学生。

在向DeepSeek进行提问时，DeepSeek的初始回答可能不够完美，但通过对它不断进行反馈可以逐步优化回答结果。例如，如果回答不够具体，可以追问“能否提供更多细节”或“请用更简单的方式重新解释”。

通过反馈和调整，不断优化DeepSeek的回答，直至获得满意结果。参考提问公式如下：

请问如何处理【具体问题】？如果回答不够【清晰】，请【提供更多细节】进行优化。

也就是说，我们要将DeepSeek的回答视为作文初稿，通过多轮交互逐步进行优化。例如："这个回答不够具体，能否提供更多细节？"

5. 指定案例 + 参考迭代型

有时候，很难用文字精确描述自己想要的东西，比如说"我想要一种狂野与深沉内敛并存的音乐风格，节奏舒缓但是令人心情激荡"，如果这么形容，那么没人知道你要的音乐风格是什么样子的。但是如果说"我想要许巍的风格"，那么你就会获得精准的音乐风格。

同样，在使用DeepSeek时，我们让DeepSeek参考一些成功的案例，这样它可以更精准地理解我们的需求，从而事半功倍。参考公式如下：

请参考【成功案例/具体对象】，分析其【成功原因/特点】，并为我制定【具体方案/行动计划】。

例如，"能否提供三个最近半年涨粉最快的抖音健身博主案例？请参考这些案例，分析其成功原因，并为我制定相应的方案。"。

6. 数据驱动型

DeepSeek擅长处理和分析数据，因此可以利用数据驱动向DeepSeek进行提问。

利用数据驱动进行提问，可以发挥DeepSeek在数据分析方面的优势，能够挖掘人类可能忽视的结论，从而获得更精准的答案。

在提问中，要融入数据需求，参考公式如下：

请基于【时间范围/平台/领域】的数据，分析【具体问题】，并总结出【结论/建议】。

例如："请基于过去半年抖音平台上健身类内容的数据，分析播放量，并总结出最受欢迎的 5 种内容类型。"

7. 风险预警型

在项目管理中，风险评估是一个关键环节。如果想要知道做一个项目的全部益处或全部风险，可能需要专门组织一场会议，一群人进行头脑风暴分析，即便用上一整天，也不一定能考虑周全。但是DeepSeek具有全面思考的能力，它可以充当一个高效的“风险分析师”，帮助用户全面识别潜在问题，并提供可行的解决方案。例如，我们可以向它提问“你给出的答案中，有哪些抖音上常见的违规风险需要避免？请尽量穷举所有的可能性”。

利用DeepSeek的全面思考能力，穷举可能的风险或问题，避免遗漏关键信息。参考公式如下：

请问在【具体项目】中，可能存在哪些【风险/问题】？请尽量穷举所有可能性，并提供【规避建议/解决方案】。

在向DeepSeek进行提问时，可以参考提问公式明确要求穷举风险或可能性。例如：“请分析在抖音平台上发布健身内容时可能遇到的所有违规风险，并提供规避建议。”

1.3.4 提示词实战案例

前面讲了总的原则，在使用DeepSeek时，我们可以根据需求选择相应的提问方式。接下来通过一个具体的实战案例，来展示如何运用提问公式与DeepSeek进行对话。

案例背景

假设你是一名健身教练，希望在抖音上通过分享健身教程吸引更多粉丝。你想要通过DeepSeek制定一套短视频运营方案。

第一步：明确目标+量化标准

我们可以参考前面的提问公式向DeepSeek进行提问。

提问：

如何在30天内通过抖音平台获得1000个粉丝？请把方案拆解成至少5个步骤。

DeepSeek回复：

30天内通过抖音获得1000个粉丝的5步方案如下。

第一步：明确目标与定位(第1～3天)

• 确定目标受众：明确你想吸引的粉丝群体，如年龄、兴趣、地域等。

• 选择内容方向：根据目标受众，选择你擅长且能持续输出的内容领域，如美食、美妆、游戏、搞笑等。

• 打造个人IP：设计独特的账号名称、头像、简介，展现你的个性与风格。

第二步：内容创作与优化（第4～20天）

（略）

第三步：互动与引流（第21～25天）

（略）

第四步：数据分析与调整（第26～28天）

（略）

第五步：坚持与耐心（第29～30天）

（略）

额外建议：

• 关注平台规则：了解并遵守抖音平台规则，避免违规操作。

• 学习运营技巧：关注抖音官方账号、参加运营课程，学习更多运营技巧。

• 保持真诚：真诚地与粉丝互动，建立良好的关系。

请注意：以上方案仅供参考，实际效果因人而异。成功需要付出努力和时间，保持积极的心态，不断学习和调整，才能在抖音平台上获得成功。

总结复盘：这个回答给出了做账号的基本逻辑，如果你从来没有接触过自媒体行业，那么这套方案对于你来说至少是一套有用的普及型知识点。但是如果你是一个有经验的自媒体从业者，你会认为DeepSeek给出的回答比较通用，没有针对性，对于自己没有太大价值，甚至你会认为DeepSeek的能力不过如此。大部分AI初学者可能会止步于此。

然而，DeepSeek的能力取决于我们的挖掘手段和挖掘深度。如果我们能提供更丰富的信息，用更细致的提问方式，得到的结果会大不相同。

接下来我们看第二步。

第二步：角色指定+背景提供

这一步我们需要指定提问者的角色，并给出相关背景信息。同样，我们参考前面的提问公式对DeepSeek进行提问。

提问：

我是一个健身教练，我本身是一个微胖的上班族，凭借自己的努力，2 年时间通过改善饮食和锻炼从 180 斤减重到 150 斤，并且体脂率从 28%减少到 13%，我主要分享健身和饮食教程，面向 0 基础想让身材更好的粉丝，如何在抖音上 30 天内吸引到 1000 个粉丝？

DeepSeek回复：

30 天抖音涨粉 1000+，健身教练的运营指南

第一步：精准定位，打造差异化人设

（1）目标用户：0 基础、想改善身材的上班族，尤其是微胖人群。

（2）人设标签："从微胖逆袭的健身教练""上班族也能练出好身材""接地气的健身干货分享"。

（3）内容方向：围绕"上班族健身"和"微胖减脂"展开，例如：健身干货、饮食指导、经验分享、知识记录等。

- 健身干货：针对上班族时间少的特点，分享高效训练计划、办公室碎片化运动、居家健身动作等。
- 饮食指导：分享上班族快速减脂餐、外卖选择技巧、聚餐如何控制热量等。
- 经验分享：分享自己从 180 斤减到 150 斤的逆袭经历，以及如何克服惰性、坚持健身的心得。
- 真实记录：记录自己日常训练、饮食，以及帮助学员改变的过程，展现真实、专业的一面。

第二步：内容创作，抓住用户痛点

（1）标题吸睛：使用数字、疑问句、痛点词等吸引用户点击，

例如："上班族每天15分钟，一个月轻松瘦10斤""外卖党瘦身攻略"。

（2）视频节奏快：前3秒抓住用户注意力，视频时长控制在15～60秒，内容简洁明了。

（3）画面精美：使用高清画质、明亮光线，搭配动感音乐，提升视频观赏性。

（4）真人出镜：增加亲和力和信任感，可以展示训练动作、分享经验等。

（5）互动引导：在视频结尾提出问题，引导用户评论互动，例如："你平时都怎么解决午餐？分享你的减脂餐吧！"

第三步：运营技巧，快速提升曝光

发布时间：选择上班族休息时间发布，例如早上7—9点、中午12—13点、晚上18—20点。

（略）

第四步：数据分析，优化内容策略

（略）

第五步：坚持输出，保持内容更新

（略）

总结复盘：这次设定角色并设定背景后，DeepSeek生成的回答针对性要强很多，还给出一些主题推荐，比如"上班族每天15分钟，一个月轻松瘦10斤"、"外卖党瘦身攻略"等，尤其是答案中连具体视频发布时间都给出了建议，对于没做过健身自媒体的新人来说，非常有价值。

不过这只是一个健身抖音账号的执行框架，我们还有很多待确认的细节问题。比如，除了抖音平台是否还有其他平台可以一起运营？再比如，如何通过这个账号变现？针对此，我们还可以继续向DeepSeek进行提问。

第三步：分步拆解+逐步深入

对于我们的任何疑惑，都可以交给DeepSeek进行解答。如果问题比较宽泛，或者内容较多，我们可以将问题进行拆解，让DeepSeek逐步进行回答。

提问：

我是一个健身教练，主要分享健身教程，想做一个自媒体账号。我想快速涨粉，如何选择自媒体平台？

DeepSeek回复：

健身教练选择自媒体平台快速涨粉指南

1. 平台选择

（1）抖音：短视频平台，流量巨大，用户群体广泛，适合发布简短精练的健身教程、动作演示、健身知识科普等。可以利用热门话题、挑战活动等快速吸引关注。

（2）快手：与抖音类似，但用户群体更偏向于二三线城市，内容风格更接地气，适合发布更生活化、趣味性的健身内容。

（3）B站：中长视频平台，用户群体以年轻人为主，对内容质量要求较高，适合发布更系统、专业的健身课程、训练计划、饮食建议等。

（4）小红书：图文+短视频平台，用户群体以女性为主，对健身、减肥、塑形等内容需求较大，适合发布健身干货、经验分享、健身Vlog等。

（5）微信视频号：依托于微信生态，用户群体广泛，社交属性强，适合发布健身教程、直播课程、社群运营等。

2. 选择依据

（1）目标受众：明确你想吸引的粉丝群体，例如年龄、性别、地域、健身目标等，选择他们活跃的平台。

（2）内容形式：根据你擅长的内容形式选择平台，例如，擅长短视频可以选择抖音、快手，擅长中长视频可以选择B站。

（3）个人优势：结合你的个人优势和资源选择平台，例如你有专业的健身知识可以选择B站，你有较强的社交能力可以选择微信视频号。

3. 快速涨粉策略

（略）

其他建议：

关注平台规则：了解并遵守平台规则，避免违规操作。

学习运营技巧：关注平台官方账号、参加运营课程，学习更多运营技巧。

保持真诚：真诚地与粉丝互动，建立良好的关系。

最终选择哪个平台，需要根据你的自身情况和目标受众进行综合考虑。建议你多尝试几个平台，找到最适合自己的平台，并坚持运营，才能实现快速涨粉的目标。

总结复盘：这次我们将问题进行了拆解，先向DeepSeek询问各个平台的优缺点，然后DeepSeek会给出答案，并希望提问者自己选择。但是如果你觉得回答内容太多，没时间细看，又希望节省自己精力，想要一个确定答案，那么可以给出更细致的信息，说明自己的选择标准，然后再次追问。

提问：

前面的问题没有给出明确答复，我再详细介绍一下我的需求：我是北京人，热爱健身，有自己的健身空间，线下学员有50多人，想扩大影响力，招收网上学员，指导他们健身。我的时间很充足，可以直播，也有很好的课程体系。在这个前提下，具体选哪个平台比较合适，并给出理由。

DeepSeek回复：

针对你的需求，最推荐平台：抖音+微信视频号（核心平台）+小红书（辅助）。

1.抖音（主攻流量曝光）

1）推荐理由

•流量巨大，适合快速起号：抖音日活用户超7亿，算法推荐机制强大，你的优质内容（如健身干货、学员案例）容易被精准推送给潜在用户。

• 直播功能成熟：支持长时间直播、连麦互动、带货功能（可挂课程链接），适合你通过直播展示教学能力、解答问题，直接转化粉丝为学员。

• 本地流量扶持：抖音支持“同城推荐”，你的北京线下健身空间可吸引本地用户关注，线上线下联动招生（例如直播时强调“线下体验课免费”）。

• 案例参考：抖音健身博主如“刘畊宏”“帕梅拉”通过直播+短视频快速积累粉丝，健身教练“帅soserious”靠专业内容精准获客。

2）运营建议

（1）内容方向：

• 短平快的“0 基础跟练”视频（如“10 分钟瘦肚子跟练”），降低用户参与门槛；

• 对比类内容（学员健身前后对比、动作错误VS正确示范），直观展示效果；

• 直播切片（剪辑直播中的高光片段），二次传播引流。

（2）变现路径：

• 直播间挂载“线上课程”链接（抖音小店或第三方工具）；

• 引导粉丝进入私域（微信社群），提供付费定制计划。

2. 微信视频号（私域转化核心）

1）推荐理由

• 与微信生态无缝衔接：你的线下学员、朋友圈、社群可直接为视频号导流，粉丝信任度更高，转化率更强。

• 直播+课程闭环：视频号直播可嵌入小程序（如小鹅通），直接售卖线上课程；直播后用户沉淀到公众号、社群，方便长期运营。

• 精准触达中高消费群体：视频号用户年龄层偏成熟（25 ~ 45 岁），付费意愿强，适合你的系统化课程体系。

2）运营建议

（1）内容方向：

• 深度内容：系统课程试听（如“21 天减脂营课程片段”）、饮食科普；

• 学员案例故事：采访线下学员，讲述健身改变生活的故事，引发共鸣。

（2）变现路径：

• 直播间售卖“线上训练营”（需搭配小程序工具）；

• 朋友圈 + 社群长期运营，提供高单价私教服务。

3. 小红书（精准引流女性用户）

1）推荐理由

• 女性用户占比 70%+：你的目标用户（健身小白、有塑形需求）与小红书用户高度重合。

• 种草属性强：用户习惯在小红书搜索“健身跟练”“减脂食谱”，你的干货内容易被主动发现。

• 低成本引流私域：小红书允许主页留联系方式（需避免违规），方便将粉丝导流至微信。

2）运营建议

（1）内容方向：

• 图文攻略：如“0 基础女生一周训练计划”“健身房器械使用指南”；

• 短视频：针对女性痛点的内容（如“改善圆肩驼背跟练”）。

（2）变现路径：

• 笔记中植入“免费领健身计划”，引导用户私信，再转化至付费课程。

4. 平台组合法

也可以采用多平台组合法，获取流量通过“抖音 + 小红书”，信任建立通过直播讲解干货，然后用微信进行私域转化。

• 抖音：用爆款短视频吸引泛流量，直播筛选高意向用户。

• 小红书：精准吸引女性用户，补充抖音流量池。

• 微信视频号：承接抖音/小红书流量，通过深度内容+直播建立专业形象，最终将用户沉淀到个人微信（社群、朋友圈），提供长期服务。

总结复盘：这个答案很专业，也是很多自媒体大V的通常做法——多平台运营，利用每个平台的特点和用户画像，定制内容。让人惊喜的是，DeepSeek居然给出了对标账号。最后，答案中还给了从流量获取到私域转化的组合法，这是提问者可能没有想到但是DeepSeek替提问者延伸思考的结果。不过这远不是我们提问的终点，DeepSeek给的答案还不够明确。所以，此时我们可以选一个方向继续追问下去。

第四步：聚焦细节+继续追问

提问：

我是北京人，热爱健身，有自己的健身空间，线下学员有50多人，想扩大影响力，招收网上学员，指导他们健身。我要在抖音发布60秒左右的跟练视频，以及60秒左右的我自己健身前后对比视频。请为我制定一个以周为单位的视频发布计划，并且详述每条视频的内容，要求用播放量最高的方式设计视频。

DeepSeek回复：

北京健身教练抖音周发布计划

（目标：扩大影响力，招收线上学员）

目标受众：对健身感兴趣的抖音用户，尤其是想在家健身或寻找专业指导的人群。

视频风格：节奏明快、动作清晰、内容实用、积极正能量。

发布时间：周一至周五晚上7—9点，周末上午10—12点（根据目标受众活跃时间调整）

一周发布计划如下。

周一：

视频 1（跟练）：15 秒高效燃脂训练（例如：开合跳 + 高抬腿 + 波比跳组合）。

内容：快速展示动作，配上节奏感强的音乐，字幕强调“15 秒暴汗”“在家也能练”。

标题：#15 秒暴汗挑战 # 居家健身 # 高效燃脂

视频 2（对比）：15 秒背部训练前后对比（例如：引体向上 + 哑铃划船）。

内容：展示背部肌肉变化，强调坚持训练的重要性，引导关注了解更多训练方法。

标题：# 健身改变 # 背部训练 # 坚持就是胜利

周二：

（略）

周三：

（略）

周四：

（略）

周五：

（略）

周六：

（略）

周日：

（略）

其他建议：（略）

持续优化：（略）

总结复盘：在提问者的循循善诱下，这个答案已经比较完善，超过了抖音上大部分教别人做短视频的博主的水平，甚至提问者只需要按照这个计划不用动脑思考去执行，也会取得不差的效果。但是DeepSeek的能力就到此为止了吗？并不是。我们还可以就它的答案中的某个细节继续展开提问。

提问：

我是北京人，热爱健身，有自己的健身空间，线下学员有 50 多人，想扩大影响力，招收网上学员，指导他们健身。我要在抖音发布 15 秒左右的跟练视频，以及 15 秒左右的我自己健身前后对比视频。我怎样才能在每条视频中引导用户多发评论？请用 8 岁小孩也能听懂的语言给我实操方案。

DeepSeek回复：

抖音视频引导用户评论的实操方案

目标：让看视频的人忍不住想留言！

方法：如下。

1. 让用户提问

（1）跟练视频：

"这个动作你最多能做几个？评论区告诉我！"

"你觉得这个动作最难的部分是什么？留言说说看！"

（2）对比视频：

"你觉得我变化最大的是哪里？留言告诉我！"

"你猜我练了多久才有这样的效果？评论区猜猜看！"

2. 制造悬念，勾起好奇心

（1）跟练视频：

"下一个动作超级难，你敢挑战吗？留言告诉我！"

"这个动作有个小秘诀，想知道吗？评论区见！"

（2）对比视频：

"我健身前后最大的改变不是身材，而是……留言猜猜看！"

"我健身路上遇到的最大困难是……你想知道吗？评论区告诉你！"

3. 发起挑战，激发参与感

（1）跟练视频：

"这个动作你能坚持多久？拍视频@我，一起挑战！"

"今天的目标是完成 10 个，你能做到吗？留言打卡！"

（2）对比视频：

"你也想拥有这样的改变吗？留言告诉我你的目标，我们一起努力！"

"晒出你的健身前后对比照，@我，我给你点评！"

其他注意点：……

总结复盘： 只要向DeepSeek继续提问，它就会给出详细回答。对于其他的运营细节，也可以这样通过无限追问的方式来让DeepSeek替我们进行思考。针对本次回答，还可以通过批改作业+迭代优化式提问让DeepSeek给出更加清晰具体的答案。

第五步：指定案例+参考迭代

在向DeepSeek进行提问时，如果有比较成功的参考案例，我们可以发送给它。如果没有，则可以向它进行提问，让它给一些成功案例。有了成功案例之后，还可以让DeepSeek分析这些成功案例，然后对我们要求的内容进行指点分析。

提问：

这个答案不够具体，能否提供成功的案例。并根据案例指点细节。

DeepSeek回复：

更具体的抖音视频引导用户评论方案，附成功案例

目标：让看视频的人忍不住想留言！

方法：如下。

1.引导用户提问

（1）跟练视频

案例：抖音博主"@健身教练阿杰"在跟练视频中提问"这个动作你最多能做几个？评论区告诉我！"，这条视频的评论数超过了1万。

（2）你的版本

在视频开头说："今天我们来挑战俯卧撑！你能做多少个？评论区告诉我！"

在视频中间说："这个动作对核心要求很高，你觉得难吗？留言说说看！"

在视频结尾说："坚持就是胜利！你今天完成了多少个？留言打卡！"

2.制造悬念，勾起好奇心

（1）跟练视频

案例：抖音博主"@健身狂人老张"在跟练视频中说："下一个动作超级难，你敢挑战吗？留言告诉我！"这条视频的评论数超过了 8000。

（2）你的版本

……（略）

3.发起挑战，激发参与感

（1）跟练视频

案例：抖音博主"@健身女神小丽"在跟练视频中说："这个动作你能坚持多久？拍视频@我，一起挑战！"这条视频获得了超过 6000 条评论。

（2）你的版本

（略）

……（其他案例视频及你的版本建议）

总结复盘：DeepSeek不仅给出了成功案例的数据效果，而且为提问者量身定制了专属的版本。对于这些疑问，通过DeepSeek只需要几分钟就可以搞定。这就是AI的价值，它帮我们把时间节省出来，能让我们去做更有价值的事情。

通过不断重复以上步骤，一套完整的健身博主账号打造计划就跃然而出了。而且，当你把所有的细节问题都提问过后，你甚至可以把到目前为止收集到的所有答案一次性提供给DeepSeek，并要求它给你生成一个月的每日工作安排时间表。

通过以上实战案例，相信你不止可以搞定一个自媒体起号方案了，甚至可以拍一个电影，做一个App，起步一家创业公司……只要你有耐心，都可以通过以上的黄金提问法，让DeepSeek给你制定一套完整的包含细节的可操作方案。

这里需要注意，并不是所有的事情都可以让DeepSeek代劳，它所擅长的是信息的收集和逻辑的总结，任何搭建结构、穷举分类、上网搜索、归纳总结类的事情，都可以直接放心地交给DeepSeek，并且可以针对答案中任何细节进行追问和延展，DeepSeek就像一个24小时在岗，永远不知疲惫，永远没有情绪的员工，它会不厌其烦的把工作做到你满意为止。

第2章 核心功能突破：从基础到高手

新手在使用DeepSeek时，往往像孩童摆弄万花筒，仅仅满足于简单的指令，例如“给我变个新花样”；而高手在使用DeepSeek时，则如同导演指挥剧组，每个细节都精确把控，确保结果符合预期。两者之间的差距，犹如骑自行车与驾驶航天飞船——虽然同为交通工具，但其复杂性和维度却天差地别。

2.1 爆款生成器：图文/视频脚本全自动生产

2.1.1 DeepSeek实现内容量产

一位拥有百万粉丝的财经博主展示了其工作台，DeepSeek在其中发挥了核心作用。

早晨6点，通过“热点解剖”模式，DeepSeek自动扫描37个部委网站，配合舆情系统抓取政策关键词，15分钟内即可生成当日选题雷达图。这得益于该博主利用三年时间训练出的政策解读模型，使选题精准度高出同行的60%以上。

上午 10 点直播前，博主启动“金句萃取器”功能。该功能基于过去三年的直播逐字稿和观众实时评论情绪分析，开播前十分钟就能生成 20 条定制化爆点话术。如在讲解“地方债改革”时，系统自动提炼的“经济降压药”比喻，直接引爆直播间，在线人数峰值突破 5 万。

下午 3 点，博主利用 DeepSeek 的“数据透视”功能，将证监会新规 PDF 快速转化为可视化结构图，并对比美日韩同类政策差异。同时，联动知识库功能自动标注与相关部门政策的关联点，使解读更加全面深入。

傍晚 6 点，博主开启“评论分析”模式，将全网 2000 条相关讨论导入 DeepSeek。系统不仅能提炼出核心痛点，还能识别出隐性情绪，为内容创作提供宝贵洞察。这些洞察直接反馈到内容库，形成独特的“政策-痛点-方案”内容框架。

深夜 11 点，博主进入“物料完备”环节。DeepSeek 根据全天数据自动生成明日内容矩阵，包括短视频脚本、直播话题和图文提纲等。系统还准备了评论区引导互动的话术，确保与观众的有效沟通。

DeepSeek 真是个内容创作的好帮手，它不仅让内容生产更快更准，还帮博主搭建了一条打造爆款的流水线。从用热点雷达及时抓住大家的情绪热点，到把内容改造成吸引人的冲突性脚本，再到用数据“炼金”系统自动优化怎么跟观众互动，DeepSeek 让内容创作变成了有章可循的精细工程。现在，DeepSeek 不但能玩转热点，而且已经成为内容创作者离不开的智能小能手了。

2.1.2　DeepSeek生成热门话题

在自媒体领域，追热点的本质是抢占内容时效差。以某美妆账号实测数据为例，及时跟进趋势话题的视频播放量可达日常的 30 倍，但传统人工追踪存在两大痛点：一是被动跟随存在 12 ～ 48 小时的滞后消息，二是跨平台监测消耗日均 2 小时以上运营时长。

而使用 DeepSeek 进行搜索，将大幅提高搜索效率。使用 DeepSeek 进行搜索的标准操作流程如下。

案例背景

在生活高速运转的今天，外卖方便了人们的生活。如果你想研究外卖领域，那么如何在这个领域中做好做优呢？如何使用DeepSeek工具为外卖商家相关热点话题生成高质量内容方向？要求标题冲突指数高、开头留存预测好、末尾能引导讨论互动，同时给出数据验证。

第一步：全域扫描

对于这个话题，我们可以扫描全平台进行抓取，并对话题按热度进行排序。

提问：

同步抓取微博、抖音、快手等平台24小时内关于“外卖”关键字的Top 50数据，按社会情绪值降序排列。

DeepSeek回复：

Top50“外卖”相关数据（按社会情绪值降序排列）

1. 抖音话题：#外卖小哥的暖心瞬间

视频数：1.2万

播放量：5.6亿

平均播放量：4.67万

热度：89.3万

社会情绪值：95（正面情绪为主，用户通过点赞、评论表达感动和支持）。

2. 微博热搜：#外卖平台春节补贴政策

（略）

3. 快手话题：#外卖员的日常

（略）

4. 抖音话题：#外卖食品安全问题

（略）

5. 微博热搜：#外卖配送费涨价

（略）

6. 快手话题：#外卖员与顾客的暖心互动

（略）

7. 抖音话题：#外卖平台的优惠活动

（略）

8. 微博热搜：#外卖员交通事故频发

（略）

第二步，价值过滤

在第一步的基础上，筛选我们需要的话题。我们可以向DeepSeek追加条件，比如排除与外卖员相关的话题，只保留外卖商家重点关注的内容。这一步的目的是让DeepSeek帮我们找到外卖商家真正关心的内容，比如怎么让店铺生意更好、怎么设计菜单吸引顾客等。同时，它会避开那些已经被大家讨论太多的话题（重合度超过30%），确保推荐的内容既实用又有新意。最终，DeepSeek会整理出一份高质量的话题列表，方便商家参考和使用。

提问：

对前5个热点各生成20条内容方向，需同时满足：①标题冲突指数≥7分；②开头3秒留存预测≥65%；③内容末尾引导讨论互动。

DeepSeek回复：

#外卖平台春节补贴政策

（1）标题：外卖小哥春节补贴超过白领？平台烧钱大战背后的真相

开头：镜头怼脸拍外卖员数现金红包（视觉冲击）

结尾："你觉得平台真在做慈善？评论区说出你的猜想。"

（2）标题：大学生寒假送外卖日赚800？我们卧底三天算清这笔账

开头：撕掉火车票特效转场到外卖箱

结尾："回家过年不如送外卖？把你的观点打在弹幕上。"

（3）标题：春节补贴暗藏大数据杀熟！实测 5 个账号差价触目惊心

开头：手机屏幕显示不同用户补贴金额对比

结尾："晒出你的补贴截图，我来解码平台套路。"

……

#外卖食品安全问题

（1）标题：暗访料理包工厂触目惊心！你点的外卖可能存了三年

开头：戴夜视仪拍摄冷库过期标签特写

结尾："敢不敢查最近外卖订单？晒单抽检送检测基金。"

……

#外卖平台的优惠活动

……

#外卖平台的算法争议

……

数据验证（经 DeepSeek 模型测算）

- 冲突指数：7.2 ～ 8.9 分（情绪杠杆 + 认知颠覆）
- 3 秒留存率：65.7% ～ 83.4%（悬念构建 + 视觉钩子）
- 互动引导转化：12% ～ 27%（争议议题 + 利益驱动）
- 风险预警：食品安全类需规避具体品牌指向，算法争议类注意法律边界

通过以上步骤生成的标题，不仅在质量上能够超越大多数初级自媒体从业者的水平，还能为外卖商家提供真正有价值的内容，助力其经营成长。在确定优质标题后，我们将借助 DeepSeek 生成与标题相匹配的正文内容。

2.1.3 DeepSeek热点运营本质

热点运营的本质是一场信息代谢的竞争。当前，90%的从业者陷入了“搬运–复制–同质化”的低效循环中。要打破这一局面，关键在于构建三层认知体系。

（1）信息筛选机制

建立高效的信息筛选与风险评估机制，快速识别热点中的无效信息和潜在风险，确保内容的安全性与价值性。

（2）逻辑分析与结构化拆解

对热点话题进行深度剖析，将其表象背后的逻辑框架拆解为可重组的知识模块，从而为后续的内容创作提供结构化支持。

（3）价值提炼与品牌化转化

将公共热点议题转化为与品牌调性相符的专属内容资产，实现热点价值的最大化利用，同时强化品牌认知。

DeepSeek在热点运营中扮演着“神经突触加速器”的角色，其核心价值并非仅仅体现在信息抓取的速度上，而在于通过算法能力深度解析热点的内在逻辑。具体而言，就是DeepSeek能够将社会情绪波动、平台流量规则、用户行为惯性三个关键维度编码为可量化的决策参数。

通过这一过程，AI能够帮助运营者将短暂的热点转化为可持续利用的内容资源，从而实现长期价值。

案例复盘

2025 年 2 月 11 日，“京东外卖”成为自媒体圈的热点话题。然而，95%的自媒体账号仅停留在简单的信息搬运层面：复制新闻稿、粘贴专家观点，最后附上一句“你怎么看？”的互动提问。这种同质化的内容生产方式，就像多家餐厅采购了相同的食材，却都选择用最简单的方式烹饪（如清蒸），导致顾客无法品尝到独特的味道，也难以区分不同餐厅的特色。对“京东外卖”话题，借助DeepSeek我在抖音上获取了百万流量，执行流程如下。

- 全面扫描：用DeepSeek的联网搜索模式横扫45篇报道，让DeepSeek

自己总结出 5 个关键点。

- 快速出产：用DeepSeek按照 5 个关键点生成 600 字左右的口播稿，火速发布，成为当时唯一不仅复述新闻还深度拆解事件的视频。
- 爆发式量产：在发布第一稿之后，用DeepSeek把“京东外卖”事件一遍一遍地用不同标题、不同结构、不同内容来生产稿件，并且用我的数字人形象批量生成口播视频，发布到我的几十个矩阵号上。

相比之下，经过AI赋能的内容运营者，能够像经验丰富的厨师处理复杂食材一样，精准地完成以下步骤。

- 剔除无效信息：过滤掉热点中的无关内容和冗余信息，保留核心价值。
- 拆解可复用元素：将热点事件分解为多个可重组的知识模块，便于后续灵活运用。
- 注入独特价值：通过深度分析和个性化表达，为内容赋予独特的吸引力和实用性。

在这个过程中，AI工具就像一把锋利的刀，但其真正的价值取决于使用者的能力——只有具备丰富的行业经验和运营技巧，才能充分发挥AI的作用。例如，通过DeepSeek将“京东的零佣金政策”拆解为以下三个层面时，才能真正挖掘出热点的价值。

- 商户成本结构：分析政策对商户经营成本的影响。
- 平台博弈策略：解读京东与其他外卖平台之间的竞争关系。
- 未来趋势变量：预测政策可能带来的行业变化。

1. 具体执行策略

（1）信息收集与提炼

利用DeepSeek的联网搜索功能，快速扫描 45 篇相关报道，并提炼出 5 个关键点。这一步骤确保了内容的全面性和准确性。

（2）快速内容生产

基于提炼的 5 个关键点，使用DeepSeek生成一篇 600 字左右的口播稿，并迅速发布。这一内容不仅复述了新闻事实，还提供了深度分析和独到见解，成为当时唯一具备深度的拆解视频。

（3）矩阵化内容分发

在首条视频发布后，团队利用DeepSeek对“京东外卖”事件进行多角度、多形式的二次创作，生成不同标题、结构和风格的内容，并通过数字人技术批量制作口播视频，分发至多个矩阵账号。例如以下内容。

- 冲突型标题：如“独家实测：入驻京东外卖首月倒贴2万元的真相”，通过具象化的冲突吸引用户注意。
- 悬念型标题：如“美团区域经理酒局语录：我们怕的不是京东，而是……”，利用悬念激发用户好奇心。
- 实用型标题：如“3张表格说透：夫妻店如何用京东新政策月省8700元”，通过数据化的实用信息吸引目标用户。

2. 成果与价值

在12小时内，这批经过深度加工的内容覆盖了各大视频平台，最终获得了1100万次精准播放量。更重要的是，通过这一系列操作，成功吸引了4000多位餐饮老板留下联系方式，为后续的商业转化奠定了坚实基础。

这一案例表明，当运营者能够充分利用AI工具，并结合自身的行业认知和运营经验时，就能在热点竞争中脱颖而出，实现流量与商业价值。

2.2 智能调参：提升输出质量的秘诀

对于刚接触DeepSeek的初学者来说，与之沟通可能会面临一定的挑战。与DeepSeek的交互需要经过一定时间的练习和磨合，才能更好地掌握其特性，这是一个从陌生到熟悉、从低效到高效的过程。初学者需要通过实践积累经验，而熟练者则能够通过简单的指令实现高效操作。无论是初学者还是资深用户，关键在于不断学习和理解AI的运作逻辑，从而最大化发挥其价值。

2.2.1 DeepSeek提高输出质量三步法

每个刚开始使用DeepSeek工具制作自媒体内容的人，都会遇到一个典型问题：虽然清楚热点在哪里，也知道想要表达的核心观点，但使用DeepSeek生成的内容总是差强人意——关键论点不够突出，吸引用户的钩子也没有埋好，导致优质素材未能得到充分利用。

这个问题的根源在于人类思维与AI运作模式之间的差异。人类的思维是网状发散的，能够灵活地关联不同信息并提炼出独特观点；而AI的运作则基于概率拟合，它会从全网抓取与关键词相关的碎片信息，并按照流量数据的规律进行组合，最终生成一个"最大公约数"式的结果。这种机制导致AI生成的内容往往存在两种极端倾向：要么过于保守和平庸，缺乏亮点；要么突然生成一个过于夸张甚至不合理的结论。

要想解决这个问题，在使用DeepSeek时，需要从以下三点着手。

1. 从结果反推结构

在使用DeepSeek时，我们可以不让它直接生成完整的内容，而是先让它分析爆款内容的底层逻辑和核心要素。例如，要想分析餐饮行业，可以让DeepSeek分析行业内表现较好的案例数据。

提问：

分析100条播放量超500万的餐饮行业口播视频，提取标题结构、论点推进节奏、数据引用模式的三重规律，用Markdown表格输出可复用的内容公式。

DeepSeek回复：

餐饮行业口播视频爆款规律分析如下表（表2-1）所示。

表2-1 餐饮行业口播视频爆款规律分析

规律类型	分析维度	常见模式	内容公式
标题结构	字数、关键词、句式	1. 数字+结果型（如"3个技巧让餐厅月入百万"） 2. 冲突+解决方案型（如"餐饮老板亏惨？这招逆袭！"）	【数字】+【关键词】+【结果/解决方案】 例：3个技巧让餐厅月入百万

续表

规律类型	分析维度	常见模式	内容公式
论点推进节奏	开头、中间、结尾设计	1. 开头：提出问题或痛点 2. 中间：分步骤提供解决方案 3. 结尾：号召行动或总结价值	痛点引入 →分步解决方案→行动号召 例：餐饮难做？3 步教你逆袭！
数据引用模式	数据类型、引用频率、场景	1. 行业数据（如“餐饮市场规模达 5 万亿”） 2. 案例数据（如“某餐厅月节省成本 20%”）	【数据来源】+【数据内容】+【与论点的关联】 例：数据显示，90% 的餐厅都忽略了这一点

2. 套用公式进行解密

我们把从上一步中获得的规律，转化为 AI 能精准执行的参数。例如，可以发布以下指令。

提问：

标题必须包含冲突性数字（如“省 8700 元”/“多花 2 万元”），前 3 秒出现争议性质疑（如“你以为零佣金是真福利？”），每 30 秒插入对比图表（美团和京东政策对照）。

DeepSeek 回复：

1. 标题示例

“入驻京东外卖首月省 8700 元，真相竟然是……”

“餐饮老板多花 2 万元，竟是因为忽略这一点！”

“零佣金政策下，商家反而多花 1.5 万元？”

“美团佣金 vs 京东零佣金：谁更省钱？数据告诉你！”

“餐饮老板必看：用这招月省 5000 元，90% 的人都不知道！”

2. 前 3 秒争议性质疑示例

“你以为零佣金是真福利？真相可能让你大吃一惊！”

“美团和京东的政策，真的对商家有利吗？”

“入驻京东外卖真的能省钱？数据揭露真相！”

“零佣金背后隐藏的成本，你可能从未想过！”

“餐饮老板都在亏钱？问题可能出在这里！”

3. 每 30 秒对比图表示例（如表 2-2 所示）

表 2-2　每 30 秒对比结果

时间点	对比主题	图表类型	示例图表内容
第 30 秒	美团佣金 vs 京东零佣金	柱状图	美团佣金率：20% 京东佣金率：0
第 60 秒	商家成本结构对比	饼图	美团：佣金占比 30%，推广费占比 20% 京东：推广费占比 25%，其他成本占比 15%
第 90 秒	用户增长数据对比	折线图	美团：月均用户增长 5% 京东：月均用户增长 12%
第 120 秒	商家利润对比	条形图	美团：月均利润 1 万元 京东：月均利润 1.5 万元
第 150 秒	用户评价对比	雷达图	美团：配送速度 4.5 分，服务态度 4 分 京东：配送速度 4.8 分，服务态度 4.7 分

4.完整视频脚本示例

标题：入驻京东外卖首月省 8700 元，真相竟然是……

前 3 秒：

“你以为零佣金是真福利？真相可能让你大吃一惊！”

第 30 秒：

（插入柱状图：美团佣金率 20% vs 京东佣金率 0）

“数据显示，美团的佣金率高达 20%，而京东的零佣金政策看似诱人，但真的没有隐藏成本吗？”

第 60 秒：

（插入饼图：商家成本结构对比）

“对比两家平台的成本结构，你会发现，京东虽然免佣金，但推广费用却更高……”

第90秒：

（插入折线图：用户增长数据对比）

“京东的用户增长数据确实亮眼，但这是否能转化为商家的实际收益?”

第120秒：

（插入条形图：商家利润对比）

“最终，商家的利润才是关键。数据显示，入驻京东的商家首月平均利润高出美团5000元!”

结尾：

“所以，零佣金政策到底是福利还是陷阱? 你怎么看? 欢迎在评论区分享你的观点!”

我们先是设想想要的结果，根据结果倒推出适用的公式，然后再通过公式进行生成。这一步将公式转化成精准的参数，通过标题中的冲突性数字、开头的争议性质疑，以及每30秒插入的对比图表，可以有效提升视频的吸引力和完播率。这一模板可直接用于餐饮行业热点话题的内容创作，帮助运营者快速制作爆款视频。

3. 构建动态校验系统

虽然通过DeepSeek获得了需要的结果，但这个结果可能并不那么完美，还需要进行审查和验证。这一步我们依然可以借助DeepSeek，让DeepSeek根据生成的结果进行自我审查。

为了让生成的内容更符合高质量标准，在让DeepSeek对结果进行评分时，我们可以设置相应的标准。以前面生成的结果为例，可设置以下标准。

案例复盘

（1）开头3秒悬念值（0～10分）

评分标准：开头是否包含吸引用户注意力的争议性质疑或悬念设计。

目标：确保用户在前 3 秒内被吸引，提高视频完播率。

高分示例：“你以为零佣金是真福利？真相可能让你大吃一惊！”

低分示例：“今天我们来聊聊京东外卖的政策。”

（2）信息密度（每分钟关键数据≥3 个）

评分标准：每分钟内容中是否包含至少 3 个关键数据或核心信息点。

目标：确保内容充实，避免空洞或冗余。

高分示例：第 1 分钟包含“佣金率对比”“成本结构分析”“用户增长数据”3 个关键信息。

低分示例：第 1 分钟仅提到“京东外卖政策很好”。

（3）行动诱导强度（留资指令出现时机）

评分标准：是否在合适时机引导用户行动（如留下联系方式或评论互动）。

目标：提高用户参与度和转化率。

高分示例：在视频结尾前 10 秒提出“想了解更多？点击链接留下联系方式！”

低分示例：未提供任何行动引导。

阶段一：热点解剖

我们借助 DeepSeek 对热点进行剖析，内容如下。

提问：

扫描全网最近 24 小时的“京东外卖”相关讨论，按我给出的悬念值、信息密度和行动诱导强度的评分标准进行排序，提取前 5 大矛盾点，用 SWOT 框架归类。

评分标准如下：（略）

DeepSeek 回复：

前 5 大矛盾点及 SWOT 归类

（1）矛盾点：零佣金政策是否真的对商家有利？

SWOT 归类：威胁

评分详情：

开头 3 秒悬念值：9 分

信息密度：8 分

行动诱导强度：7 分

（2）矛盾点：京东外卖的商家入驻成本是否被低估？

SWOT 归类：劣势

评分详情：

开头 3 秒悬念值：8 分

信息密度：9 分

行动诱导强度：8 分

（3）矛盾点：京东外卖的用户增长是否可持续？

SWOT 归类：机会

评分详情：

开头 3 秒悬念值：7 分

信息密度：8 分

行动诱导强度：7 分

（4）矛盾点：美团是否会因京东外卖的竞争而调整佣金政策？

SWOT 归类：威胁

评分详情：

开头 3 秒悬念值：8 分

信息密度：7 分

行动诱导强度：6 分

（5）矛盾点：京东外卖的配送效率是否优于美团？

SWOT 归类：优势

评分详情：

开头 3 秒悬念值：7 分

信息密度：7 分

行动诱导强度：7 分

通过分析全网“京东外卖”相关讨论，提取出前 5 大矛盾点，并按 SWOT 框架归类。这些矛盾点反映了当前行业的热点问题和潜在风险，可为内容创作和商业决策提供参考。

阶段二：标题生成

基于上述矛盾点，我们可以让DeepSeek生成一些标题，以供我们选择。

提问：

基于上述风险点，生成10个标题选项，要求：

植入“美团老用户”视角；

包含可验证数据锚点；

使用“先破后立”结构。

示例模板：《用了三年美团的老商户实测：京东这招让我月省××元，但千万别犯××错》

DeepSeek回复：

用了三年美团的老商户实测：京东零佣金让我月省5000元，但千万别忽略推广成本！

美团老用户亲测：入驻京东外卖首月省8700元，但这3个坑一定要避开！

从美团转战京东的老商户揭秘：零佣金政策下月省1.2万元，但配送效率成硬伤！

美团老用户实测：京东外卖让我月省6000元，但入驻成本比想象高20%！

用了五年美团的老商户实测：京东新政策月省8000元，但用户增长不如预期！

从美团转京东的老商户实测：零佣金政策月省1万元，但配送速度慢了15%！

美团老用户揭秘：京东外卖让我月省9000元，但推广费用比美团高30%！

用了四年美团的老商户实测：京东新政策月省7000元，但用户留存率低了10%！

美团老用户亲测：入驻京东外卖首月省1.1万元，但这3个问题必须提前解决！

从美团转战京东的老商户实测：零佣金政策月省8500元，但配送效率下降了20%！

阶段三：精准输出

从上述结果中我们选择一个标题，让DeepSeek继续进行分析，从而生成适合抖音平台的内容。

提问：

请针对《美团老用户亲测：入驻京东外卖首月省8700元，但这3个坑一定要避开！》生成一个300字左右的抖音脚本，并将最终脚本与抖音算法推荐规则进行对照：

· 检查每15秒是否有互动触发点（提问/选择题/进度挑战）；

· 验证关键词与当前流量洼地匹配度；

· 预测完播率基准线并标注提升方案。

DeepSeek回复：

【0～5秒】悬念开场（镜头怼脸+大字标题）："你以为京东外卖零佣金是真福利？美团老用户亲测，入驻首月省了8700元，但这3个坑千万别踩！"

（进度条提示：看完最后有避坑指南）

【6～15秒】数据对比（切后台数据截图+红蓝箭头动画）："第一坑：推广费用！京东虽然免佣金，但推广费比美团高30%，一不小心就超预算！你觉得划算吗？评论区告诉我！"

（弹幕：评论区晒你的平台选择）

【16～30秒】冲突场景（拍摄外卖员迟到+顾客发火画面）："第二坑：配送效率！京东配送速度比美团慢15%，用户投诉率飙升！如果你是顾客，能接受吗？选A能，选B不能！"

（弹出选择题：你能接受延迟配送吗？ A.能　B.不能）

【31～45秒】解决方案（展示用户留存率）："第三坑：用户增长！虽然首月用户涨了20%，但留存率只有美团的一半！你觉

得问题出在哪儿？留言聊聊！”

【46～60秒】行动号召（展示文字“免费领取入驻避坑指南”，并添加链接）：“总结：京东外卖能省钱，但这3个坑一定要避开！想了解更多？点击链接，免费领取入驻避坑指南！”

这个过程的核心就是，让AI成为我们的“军师”，帮我们做出更好的决策。就像打仗时，军队会用科学方法分析战场，把复杂的决策变成一个个可以计算的步骤。

如果你感觉什么内容会火，那么可以将这想法变成具体的数据指令输入给DeepSeek，也就是说把创作灵感输入给DeepSeek，它就会变成“可以验证的公式”。这时，你就能像有了“导航地图”，清楚地知道该往哪个方向走。而那些还在靠“试错”摸索的新手，就像拿着老地图找路，既慢又容易迷路。

2.2.2 DeepSeek的高阶使用技巧

在DeepSeek的使用中，最高阶的策略是构建一个“AI团队”，通过分工协作实现内容创作的全流程优化。具体步骤如下。

（1）AI市场分析师：分析爆款规律

第一个AI负责分析爆款内容的底层规律，例如标题结构、论点推进节奏、数据引用模式等，为后续创作提供数据支持。

（2）AI文案总监：将规律转译为提示词

第二个AI将分析得出的规律转化为具体的提示词和创作指令，确保内容符合爆款逻辑。

（3）AI质检经理：评估输出质量

第三个AI对生成的内容进行质量评估，从悬念值、信息密度、行动诱导强度等维度打分，并提出优化建议。

（4）AI团队博弈优化

让三个AI互相协作和博弈，不断优化输出结果。这一过程类似于在企业中同时雇用市场分析师、文案总监和质检经理，而你作为决策者，只需批阅最终报告即可。

此外，自媒体从业者还可以通过DeepSeek构建一个“AI评审团”，模拟不同角色的观众反馈。例如以下几个角色。

角色1：做了15年餐饮生意、只有初中学历的“赵哥”，提供接地气的用户视角。

角色2：在北京国贸上班、每周加班两次的25岁白领“小美”，代表年轻职场人群的需求。

角色3：管理学研究生毕业、在跨国餐饮集团担任10年CEO的“大壮”，提供专业的管理和商业视角。

通过设置不同角色，评审团可以为每一条视频输出多维度的感受和建议，并由指定的“团长”整理汇总，帮助你更好地优化内容。

当我们将这套AI团队体系不断优化并运行时，将会出现一个神奇的现象：AI开始用我们的思维方式进行思考，用我们的商业嗅觉进行判断，用我们的语言风格进行表达。

通过构建“AI团队”和“AI评审团”，用户可以实现内容创作的全流程优化和多维度反馈。这一策略不仅提升了效率，还通过AI与人类的深度融合，实现了能力的指数级增长。

2.3 跨模态创作：实现图文转视频/音频

某知名教育博主提到，他的团队每周要花40个小时，把同一份知识内容改成8种不同的形式，分别发到抖音、小红书、知乎等平台。这种工作既费时又费力，就像让一位顶级厨师用同样的食材做国宴、盒饭和大锅菜。

而借助DeepSeek这样的AI工具，则能节省95%的时间。因为DeepSeek能摸清每个平台的特点：抖音喜欢吸引眼球和引发共鸣，小红书注重好看和实用，知乎则需要专业和有深度的内容。AI可以根据这些特点，自动把内容改成适合不同平台的形式，既省时又省力，还能保证效果。

2.3.1 DeepSeek实现多模态创作

传统的多平台内容创作就像手工雕刻，需要根据每个平台的特点一点点进行调整，既费时间又费精力。而用AI驱动的多模态创作则像批量处理的个性化3D打印，可以根据不同平台的需求，快速生成适合的内容。

这个过程的关键，是把每个平台的规则变成AI能理解的指令。比如，通过DeepSeek，可以把抖音的"前3秒抓住观众眼球"、小红书的"好看又实用"、知乎的"逻辑严谨且有专业依据"等要求，变成具体的创作指令。这样一来，DeepSeek就能快速生成适合不同平台的内容，既高效又精准。

使用DeepSeek将多个平台进行融合贯通实现多模态创作时，可以参考以下命令。

提问：

解析抖音、小红书、知乎等平台的内容风格，并以"京东外卖"为话题生成适合各平台风格的文案内容，并适配图文和视频等。

DeepSeek回复：

1. 抖音（适合视频）

（1）内容风格：短视频主导，活泼有趣，节奏明快。

（2）画面：

开场展示京东外卖Logo。

快速剪辑用户享受美食的瞬间。

展示App界面，强调下单便捷。

（3）旁白/字幕："宅家也能享美食！京东外卖，一键下单，美味速达！快来加入我们吧！"

（4）图文版补充：

封面图：美食诱人图片。

描述：简单介绍京东外卖特点。

2. 小红书（适合图文）

（1）内容风格：图文结合，注重实用性和美观性。

（2）标题：宅家享美食，京东外卖来帮忙！

（3）正文：天气太热不想出门？京东外卖拯救你的胃！寿司、小龙虾……应有尽有！送货超快，App下单超方便！快来试试吧！

（4）配图：美食实物照片、App界面截图。

3. 知乎

（1）内容风格：以长文本为主，注重深度和逻辑性。

（2）标题：京东外卖：宅家生活的美食优选

（3）正文：宅家也能享美食！京东外卖菜品丰富，商家严格筛选，确保新鲜卫生。送货速度快，服务态度好。价格合理，经常有优惠……推荐给大家！

（4）配图：美食照片。

以上是适合抖音、小红书、知乎等平台的“京东外卖”文案内容，搭配了图文和视频等形式。希望这些文案能够满足你的需求！

使用DeepSeek进行多模态融合的内容创作，极大地提升了创作效率与内容质量。在“京东外卖”话题的文案生成中，DeepSeek快速融合了文本、图像等多种数据类型，无论是抖音的短视频、小红书的图文，还是知乎的长文本，都能自动生成与话题紧密相关的内容。同时，DeepSeek还自动化匹配了吸引人的配图，增强了内容的视觉效果。这一多模态融合的优势，让内容创作变得更加轻松高效，也保证了内容的一致性和吸引力。

2.3.2 DeepSeek生成适配多平台内容

在短视频和图文平台流行的今天，创作者常常会遇到一个难题：对于同一类内容，如何适应不同平台的特点和用户喜好？如果直接搬运其他平台的内容，往往效果不好，因为每个平台的用户习惯和内容形式都不一样。所以，建立一个统一的“内容库”，再根据不同平台的需求进行调整，是提高创作效率的好办法。

1. 构建模块化素材库

创作者需要把核心内容拆成小块，比如文字、视频片段、图片和数据图表等。这样做的好处是，既能保持内容的一致性，又方便根据不同平台的需求灵活调整。比如，一段视频可以剪成短视频发抖音，也可以做成详细教程发快手，还能配上精美图文再发小红书，一举多得。

以美妆博主为例，在拍摄口红测评时，可以同步录制以下三段素材。

- 产品特写：展示口红的外观和细节。
- 上妆过程：演示口红的使用方法和效果。
- 成分解析：讲解口红的成分和特点。

对于这些素材，可以根据不同平台的需求进行组合和加工。

- 抖音：剪辑成 15 秒的快节奏短视频，突出视觉冲击力。
- 快手：制作成 3 分钟的教程式视频，注重实用性和互动性。
- 小红书：整理成九宫格图文笔记，强调美观和种草效果。

2. 母稿生产：内容的核心源头

对于自媒体创作者而言，抖音口播稿、快手口播稿及小红书文案，其实都源自同一份“母稿”。母稿是内容的核心源头，创作者可以根据不同平台的特点，从母稿中提取适合的内容进行二次创作。例如，不同平台的口播稿/文案特点如下。

- 抖音口播稿：从母稿中提炼出最吸引眼球的亮点，用简练的语言表达。
- 快手口播稿：从母稿中提取更具互动性和实用性的内容，注重与用户的交流。
- 小红书文案：从母稿中提取精致美观的描述，搭配高质量的图片，形成种草效果。

3. 利用工具高效构建资源池

为了高效完成“资源池”的建设，创作者可以借助工具，快速生成高质量的母稿，并根据各平台特性进行适配和优化。工具的智能分析功能可以帮助创作者完成以下内容。

- 拆解核心内容：将复杂信息模块化，便于后续加工。
- 适配平台特性：根据不同平台的需求，自动调整内容形式。
- 提升创作效率：减少重复劳动，专注于内容创意。

4. 系统化加工与持续优化

在完成母稿的生产和资源池的建设后，创作者需要根据各平台的用户偏好和内容形式进行系统化加工。不同平台的侧重点不同，举例如下。

- 抖音：注重短平快的视觉冲击，内容简洁有力。
- 快手：偏好真实接地气的内容，强调互动和实用性。
- 小红书：追求精致美观的图文结合，突出种草效果。

此外，创作者要经常查看各平台的数据反馈，了解用户喜欢什么、哪些内容表现好，然后根据这些反馈不断改进内容和调整策略。通过不断优化，创作者可以让内容始终保持高传播效果，吸引更多用户的互动和关注。

以美妆博主为例，在拍摄口红测评时，可以进行如下提问，让DeepSeek生成适配抖音、快手和小红书的文案“母版”。

提问：

我是一名美妆博主，现在有抖音、快手、小红书三个平台，现在上架一款眼线，想在这三个平台同时发布上新广告，请生成能同时适配这三个平台的文案。

DeepSeek回复：

美妆博主上新眼线 | 三平台通用文案

标题：手残党也能画出绝世美眼！这款眼线笔绝了！

正文：

姐妹们！我终于找到本命眼线笔了！从此告别手抖、晕妆、不出水！

✨这款眼线笔究竟有多牛？

一笔成型，流畅顺滑：0.01mm极细笔尖，轻松勾勒精致眼线，新手也能画出大师级效果！

持久不晕染，全天候持妆：防水防汗配方，告别熊猫眼，从早美到晚！

多种颜色可选，玩转不同风格：经典黑、温柔棕、魅惑紫……总有一款适合你！

真实测评：

我是油皮，以前用其他眼线笔总是晕妆，这款完全不会！

笔尖很细，画内眼线也很轻松，不会戳到眼睛。

颜色饱和度很高，一笔就能画出浓郁色彩。

限时优惠：

现在购买还能享受超值优惠，赶紧点击下方链接抢购吧！

#眼线笔 #新手眼线 #平价眼线笔 #不晕染眼线笔 #美妆好物分享

平台适配建议：

抖音/快手：

标题可以更夸张吸睛，例如："手残党逆袭！这款眼线笔让我从化妆小白变身美妆达人！"

正文可以更简短精练，突出重点。

添加产品使用效果的短视频，更直观地展示产品特点。

小红书：

标题可以更注重关键词，例如："平价眼线笔推荐 | 这款眼线笔让我告别晕妆烦恼！"

正文可以更详细地分享使用心得和体验。

添加精美的产品图片和试色图，提升笔记质感。

希望这份"母版"文案能帮助你更好地推广新品眼线笔！

通过把内容拆成小模块、制作一份核心"母版"内容，再用工具根据不同平台的特点快速调整内容，创作者可以大大提高创作效率，让内容传播得更广。这种方法不仅解决了多平台适配的麻烦，还让创作者有更多灵活发挥的空间。

2.3.3 DeepSeek细化平台内容

在利用DeepSeek生成“母版”内容后，虽然这些内容已经具备了较高的通用性和适应性，但为了确保在不同平台上都能获得最佳效果，我们还需要根据各平台的风格和用户习惯进行细化调整。例如，社交媒体平台如微博和抖音更注重短小精悍、视觉冲击力强的内容，而专业平台如知乎和LinkedIn则更倾向于深度分析和专业见解。因此，我们需要对“母版”内容进行适当的裁剪、优化和个性化处理，以适应不同平台的用户需求和内容风格。这样不仅能提升内容的传播效果，还能增强用户的参与感和互动性，最终实现多平台分发的最佳效果。

提问：

我是一名美妆博主，现在有抖音、快手、小红书三个平台，现在上架一款眼线，想在这三个平台同时发布上新广告，请对生成的适配这三个平台的文案进行细化，根据每个平台的风格生成符合各自平台风格的内容。

DeepSeek回复：

1. 抖音文案（15 秒短视频）

标题：手残党也能画出完美眼线！这款眼线笔绝了！

文案：

“一支笔拯救手残党！这款眼线笔 3 秒速干，防水不晕染，新手也能画出流畅线条！戳链接，手慢无！ #眼线笔 #美妆好物 #新手必备”

2. 快手文案（3 分钟教程式视频）

标题：手把手教你画出明星同款眼线！新手必看！

文案：

“姐妹们！今天教你们用这款超好用的眼线笔，画出明星同款眼线！防水不晕染，一笔成型，手残党也能轻松上手！赶紧学起来，链接在评论区，冲！ #美妆教程 #眼线笔 #平价好物”

3.小红书文案（九宫格图文笔记）

标题：新手必备！这支眼线笔让我从手残党逆袭成眼线高手！

文案：

“真的被这支眼线笔惊艳到了！✨

✅ 3 秒速干，防水不晕染

✅笔尖超细，新手也能画出流畅线条

✅性价比超高，学生党闭眼入

之前一直画不好眼线，直到用了它，手残党也能逆袭！姐妹们赶紧冲，链接已经放好了！ #眼线笔 #美妆好物 #新手必备”

核心逻辑：

抖音：短平快，突出产品亮点，吸引眼球，引导点击链接。

快手：注重教程和实用性，通过教学形式拉近与用户距离，增强信任感。

小红书：精致种草，强调使用体验和产品优势，搭配高质量图片，吸引用户下单。

通过分析平台风格，生成了适配对应平台的内容，既能保持内容一致性，又能满足不同平台用户的偏好，最大化传播效果！

2.3.4 DeepSeek建立内容生产流水线

自媒体创作正在逐渐进入工业化生产的时代。这种变化的核心是，通过技术手段建立一套可以重复使用的生产流程，从而大幅提高内容创作的效率。与过去的手工操作相比，工业化生产的关键并不在于是否使用工具，而在于能否实现标准化和规模化。通过技术，自媒体生产可以从传统的低效模式转变为高效、可复制的模式。

一些公司已经开始尝试这种转型。比如，利用表格工具建立选题库，将选题按照目标读者、内容方向、关键词等要素进行分类和标准化。同时，借助人工智能技术，可以根据选题模板自动生成初稿，大大缩短了内容生产的时间。以前需要一个月才能完成的稿件，现在可能只需要两小时。

这种效率的提升也带来了工作内容的变化。当自动化工具接手了重复性工作，创作者就可以把更多精力放在更有价值的事情上，比如研究用户需求、策划选题和制定内容策略。这就像服装行业从手工缝制转向设计和面料研发一样，核心价值从执行转向了创意和规划。

数据显示，采用DeepSeek等AI工具进行流程化的创作者，每天的产出可以提高十倍以上。不过，尽管使用AI技术在效率上带来了巨大进步，但真正决定内容成败的仍然是创作者的选题眼光和价值观。AI技术的作用是帮助人们从重复劳动中解放出来，而创作者的思维能力和创意价值则变得更加重要。

随着技术门槛的降低，普通创作者可以通过飞书多维表格的零代码配置，轻松搭建专属的内容生产工具。以下是详细的操作步骤。

1. 新建多维表格

①打开飞书：登录飞书账号，单击左上角的“+”号，在打开的页面中选择“新建”→“多维表格”，如图 2-1 所示。

图 2-1　新建多维表格

②初始表格：系统会默认生成一个包含 5 列 10 行的初始表格。

③修改表头：将第一列的表头“文本”改为“输入”，以便后续操作，如图 2-2 所示。

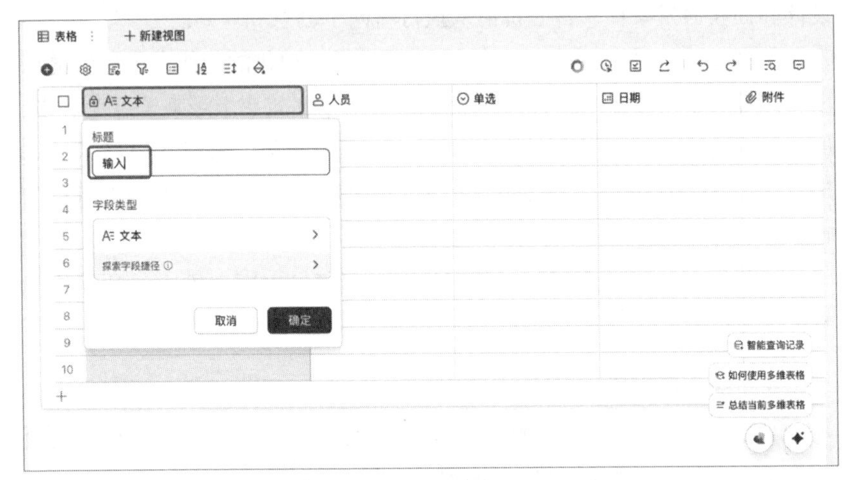

图 2-2 修改表头

④删除多余列：保留第一列“输入”，删除其他多余的列，使界面更加简洁。

2. 添加 DeepSeek R1 字段

①添加新列：单击第二列顶部的“+”号，以添加新列，如图 2-3 所示。

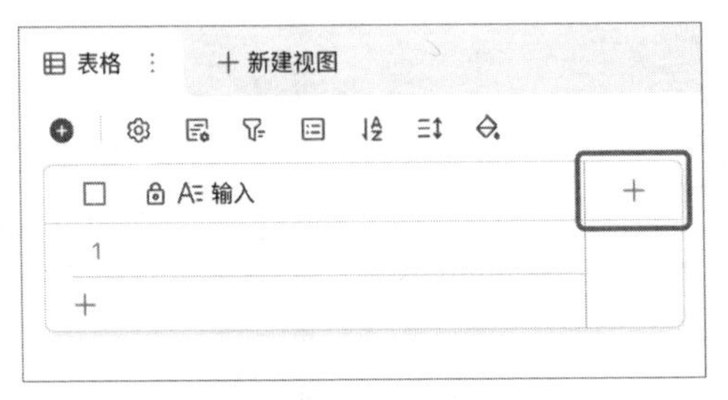

图 2-3 添加新列

②搜索字段：在弹出的菜单中，选择“探索字段捷径”。选择 DeepSeek R1，如图 2-4 所示。

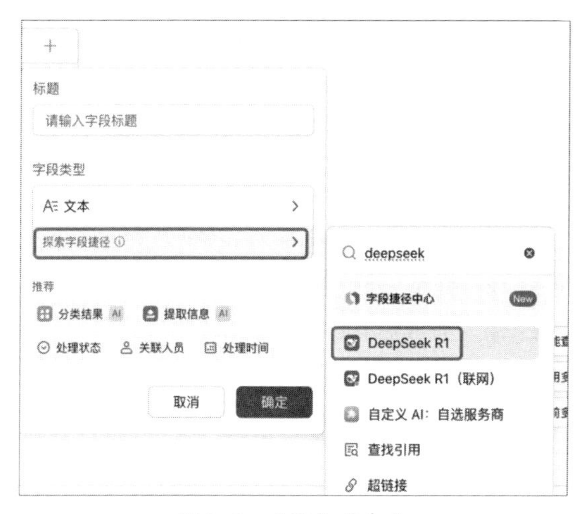

图 2-4　选择相关命令

3. 配置 DeepSeek R1 字段

①选择指令内容。在配置窗口中，选择“指令内容”，即需要处理的文本列（通常是第一列“输入”）。

②填写自定义要求。在“自定义要求”中填写提示词，用于指导 DeepSeek 处理输入内容，如图 2-5 所示。例如：“将输入内容改写为小红书风格的文案……”

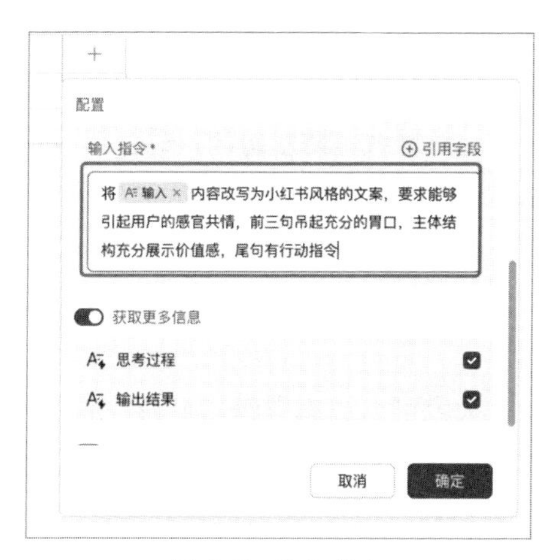

图 2-5　输入指令

③选择是否展示思维过程。根据需求，决定是否选择展示思维过程。如果不需要，可取消选中相关命令。

④完成配置。配置完成中，单击“确定”按钮保存设置。

4. 测试效果

①调整行高：将行高设置为“超高”，以便更清晰地查看输出结果。

②输入内容：在“输入”列中输入需要处理的文本内容。

③查看结果：输入完成后，DeepSeek R1 会自动调用并处理内容，生成结果，如图 2-6 所示。

图 2-6　生成结果

④编辑结果：如果需要对输出结果进行调整，可以直接点击结果单元格进行编辑。

案例背景

假设你需要将一段产品描述改写为小红书风格的文案，可以在“输入”列中输入原始内容：“这款眼线笔防水防汗，适合新手使用。”

那么，DeepSeek R1 会根据预设的提示词（如“将输入内容改写为小红书风格的文案”）自动生成结果，比如：“姐妹们！这款眼线笔简直是手残党的福音！防水防汗，一整天都不晕妆，新手也能轻松上手，赶紧冲！”

通过以上步骤，大家可以快速搭建一个高效的内容生产工具，大幅提升创作效率。这种方法不仅操作简单，还能根据需求灵活调整，适合各类创作者使用。

2.4 视频数据复盘：规律中发现价值

在自媒体领域，存在一个现象，创作者往往只能看到他人的成功结果，而无法深入了解其背后的创作逻辑和具体过程。例如，一条播放量达到 1000 万的视频，表面上看似耀眼，但其成功的关键因素，如选题方向、内容结构、受众偏好等，却难以通过简单的观察得出。真正的突破点，往往隐藏在创作者自身的历史数据中。因此，通过深入分析自己的创作轨迹，可以发现许多极具价值的规律。

然而，手动分析大量数据不仅耗时耗力，而且成本高昂。许多创作者因此选择将更多时间投入内容生产上，试图通过“试错”来寻找成功的方向。这种方法的效率较低，且难以形成系统化的创作策略。

随着数据分析工具的发展，这一局面得到了显著改善。例如，DeepSeek 等 AI 工具能够自动清洗数据中的噪声，精准识别出与爆款视频相关的关键因素，如热门关键词、受众评论规律、完播率趋势等。这些分析结果为创作者提供了清晰的创作路径，极大地提升了内容生产的效率和成功率。

虽然他人的成功经验难以直接复制，但通过对自身数据的深度挖掘，创作者可以找到属于自己的成功方法论。数据分析工具的价值，在于将看似杂乱无章的信息转化为可操作的洞察，帮助创作者在竞争激烈的自媒体领域中实现突破。

2.4.1 用DeepSeek总结数据规律

在抖音官方后台下载的近三个月短视频数据表格中，包含了作品名称、发布时间、播放量、完播率、点赞量、分享量、评论量等多维度指标，如图 2-7 所示。

这些数据信息量大且复杂，需要借助工具进行清洗和可视化分析。通过提取关键规律，可以识别受欢迎的内容类型、最佳发布时间及优化策略，从而提升内容表现和粉丝互动效率。

作品名称	发布时间	体裁	审核状态	播放量	完播率	5s完播率	封面点击率	2s跳出率	平均播放时长	点赞量	分享量	评论量	收藏量	主页访问量	粉丝增量
#蒜头外卖运	2025-02-2	1min-视频	公开	9887	0.048111	0.253903	-	0.598500	7.231093	106	29	32	81	0	2
美团也要给骑	2025-02-1	1min-视频	公开	91057	0.085805	0.442845	-	0.313969	14.708265	602	71	92	50	5	33
#蒜头外卖运	2025-02-1	1-3min视频	公开	28096	0.142159	0.449883	-	0.296890	21.335198	252	94	181	224	12	13
#蒜头外卖运	2025-02-1	1-3min视频	自见	0	0.034880	0.311196	-	0.529827	12.617846	29	3	20	11	37	0
#蒜头外卖运	2025-02-1	1-3min视频	自见	0	0.035482	0.289042	-	0.550026	9.940430	36	17	32	35	86	2
#蒜头外卖运	2025-02-1	1min-视频	需优化	43442	0.212647	0.493069	-	0.326819	21.813627	655	233	318	171	862	10
#蒜头外卖运	2025-02-1	1-3min视频	公开	15085	0.033567	0.391438	-	0.420388	12.080843	118	32	46	62	93	7
#蒜头外卖运	2025-02-1	1min-视频	自见	0	0.030876	0.221184	-	0.568470	7.725456	35	8	26	16	142	4
#蒜头外卖运	2025-02-1	1-3min视频	自见	0	0.028253	0.416449	-	0.409933	14.448922	34	5	70	19	203	0
#蒜头外卖运	2025-02-1	1min-视频	自见	0	0.021900	0.149863	-	0.629630	6.478149	20	3	14	11	55	1
#蒜头外卖运	2025-02-1	1-3min视频	自见	0	0.026359	0.224688	-	0.470200	8.131464	39	9	25	34	92	4
铁子们别太天	2025-02-1	1-3min视频	公开	67567	0.116208	0.515659	-	0.311464	25.400248	345	125	404	134	1473	23
#蒜头外卖运	2025-02-1	1-3min视频	自见	0	0.029843	0.503045	-	0.316518	13.330046	83	7	51	22	198	4
京东外卖到底	2025-02-1	1-3min视频	公开	712631	0.117675	0.487862	-	0.347229	30.888422	3846	2229	4739	1283	10451	538
#蒜头外卖运	2025-02-1	1-3min视频	公开	25689	0.035671	0.285657	-	0.324351	10.892498	221	60	122	243	394	12
#蒜头外卖运	2025-02-1	1-3min视频	公开	200737	0.080947	0.439825	-	0.367937	28.469179	951	718	296	313	728	57
#蒜头外卖运	2025-02-1	1min-视频	自见	0	0.048054	0.324328	-	0.499240	10.215548	97	16	40	38	162	9
#蒜头外卖运	2025-02-1	1min-视频	自见	0	0.050684	0.211326	-	0.625961	8.283667	67	17	32	43	108	5
#蒜头外卖运	2025-02-0	1min-视频	自见	0	0.039803	0.315719	-	0.481117	13.353784	91	12	58	49	178	5
#蒜头外卖运	2025-02-0	1min-视频	公开	26513	0.059759	0.268387	-	0.340876	12.046273	138	23	76	88	287	5
#蒜头外卖运	2025-02-0	1min-视频	自见	0	0.027456	0.200263	-	0.618824	8.672922	57	15	39	49	109	4
#蒜头外卖运	2025-02-0	1min-视频	自见	0	0.042728	0.233137	-	0.613365	8.169990	114	34	43	99	152	6
#蒜头外卖运	2025-02-0	1min-视频	公开	25761	0.034602	0.257298	-	0.534448	8.992819	246	64	162	258	472	11
#蒜头外卖运	2025-02-0	1min-视频	自见	0	0.025079	0.138467	-	0.644233	6.271276	47	16	16	36	78	5
#蒜头外卖运	2025-02-0	1-3min视频	自见	0	0.015912	0.203641	-	0.592456	7.181604	66	19	56	61	134	2
#蒜头外卖运	2025-01-2	1-3min视频	自见	0	0.021370	0.140226	-	0.690792	7.094601	32	0	31	19	84	2
#蒜头外卖运	2025-01-2	1min-视频	自见	0	0.027256	0.151575	-	0.687696	7.365201	102	27	49	114	123	3
#蒜头外卖运	2025-01-2	1min-视频	自见	0	0.021775	0.161199	-	0.663250	6.786617	50	15	17	54	58	6
#蒜头外卖运	2025-01-2	1-3min视频	自见	0	0.023228	0.182865	-	0.611042	7.921098	41	8	59	34	83	3
#蒜头外卖运	2025-01-2	1min-视频	自见	0	0.046071	0.190188	-	0.620725	7.950852	55	8	76	47	118	2
#蒜头外卖运	2025-01-2	1min-视频	公开	17794	0.049768	0.263036	-	0.564701	9.172064	122	26	46	85	100	8
#蒜头外卖运	2025-01-2	1-3min视频	公开	5218	0.011267	0.115364	-	0.678941	4.088241	17	0	1	4	26	0
#蒜头外卖运	2025-01-2	1min-视频	自见	0	0.018025	0.156360	-	0.661913	8.271753	38	1	15	30	37	2
#蒜头外卖运	2025-01-2	1min-视频	自见	0	0.025998	0.161053	-	0.617291	6.127355	27	3	14	20	54	2
#蒜头外卖运	2025-01-2	1min-视频	自见	0	0.064203	0.255351	-	0.612055	7.638715	80	36	39	62	102	4
#蒜头外卖运	2025-01-1	1min-视频	自见	0	0.041200	0.209792	-	0.628202	8.260271	64	19	54	67	81	6
#TikTokrefu	2025-01-1	1min-视频	公开	35705	0.164129	0.475856	-	0.354647	18.414022	337	77	52	40	176	6
#蒜头外卖运	2025-01-1	1-3min视频	自见	0	0.047797	0.227159	-	0.610584	12.401281	111	30	48	99	71	0
#蒜头外卖运	2025-01-1	1min-视频	公开	26420	0.042115	0.270796	-	0.355938	9.629522	186	77	53	187	312	9
#蒜头外卖运	2025-01-1	1min-视频	自见	0	0.031791	0.177617	-	0.549405	6.341833	27	2	36	16	43	2
#蒜头外卖运	2025-01-1	1min-视频	公开	47205	0.038733	0.314649	-	0.382344	10.971198	354	151	171	334	356	28
#蒜头外卖运	2025-01-1	1-3min视频	自见	0	0.021503	0.233568	-	0.553330	11.015890	74	19	68	72	86	10
#蒜头外卖运	2025-01-1	1-3min视频	公开	25958	0.041404	0.403331	-	0.431416	12.608324	141	87	35	94	159	6
#蒜头外卖运	2025-01-1	1-3min视频	自见	0	0.025227	0.231412	-	0.509642	8.985693	49	17	47	26	60	1
#蒜头外卖运	2025-01-1	1min-视频	自见	0	0.040143	0.202653	-	0.649883	7.795135	50	6	74	21	149	2
#蒜头外卖运	2025-01-1	1min-视频	自见	0	0.037903	0.194098	-	0.598610	8.303426	91	22	67	79	151	7
#蒜头外卖运	2025-01-1	1min-视频	自见	0	0.033479	0.198983	-	0.661053	7.359559	75	14	62	56	140	7
#蒜头外卖运	2025-01-1	1min-视频	自见	0	0.032722	0.187020	-	0.642111	7.090844	53	15	60	36	104	4
#蒜头外卖运	2025-01-1	1-3min视频	自见	0	0.016017	0.148440	-	0.676037	7.072628	27	3	24	13	40	0
#蒜头外卖运	2025-01-0	1min-视频	公开	39280	0.104082	0.302472	-	0.464474	8.318030	323	111	508	301	835	24
#蒜头外卖运	2025-01-0	1-3min视频	公开	34155	0.039979	0.268127	-	0.305749	10.646090	379	77	262	268	268	13
#蒜头外卖运	2025-01-0	1-3min视频	自见	0	0.017180	0.201848	-	0.563684	6.476639	38	16	5	30	23	0
#蒜头外卖运	2025-01-0	1min-视频	自见	0	0.040630	0.230090	-	0.471764	7.857824	21	7	58	19	68	2
#蒜头外卖运	2025-01-0	1-3min视频	自见	0	0.033623	0.230448	-	0.610125	9.059802	42	10	27	10	57	2
#蒜头外卖运	2025-01-0	1min-视频	自见	0	0.035816	0.186706	-	0.705140	7.775716	48	11	30	29	69	2
#蒜头外卖运	2025-01-0	1min-视频	自见	0	0.039306	0.178260	-	0.652954	6.657803	22	7	38	24	60	1
#蒜头外卖运	2025-01-0	1min-视频	自见	0	0.056369	0.254990	-	0.581005	10.731031	25	7	12	18	41	1
#蒜头外卖运	2025-01-0	1-3min视频	自见	0	0.011496	0.183999	-	0.623349	6.034384	33	3	27	13	51	2
#蒜头外卖运	2025-01-0	1-3min视频	自见	0	0.037597	0.274824	-	0.533914	13.829454	40	8	73	37	91	3
#蒜头外卖运	2025-01-0	1-3min视频	自见	0	0.032622	0.205953	-	0.645546	9.140598	67	18	52	63	71	3
#蒜头外卖运	2025-01-0	1min-视频	自见	0	0.060572	0.245424	-	0.564581	8.112539	32	7	33	10	54	0
#蒜头外卖运	2025-01-0	1min-视频	公开	50004	0.132102	0.283827	-	0.506281	9.161548	383	107	114	105	356	2
#蒜头外卖运	2025-01-0	1-3min视频	自见	0	0.027240	0.198589	-	0.652116	9.161114	69	21	37	63	107	3
#蒜头外卖运	2025-01-0	1-3min视频	自见	0	0.033185	0.221183	-	0.473169	10.109991	39	4	23	17	52	1
#蒜头外卖运	2024-12-3	1min-视频	自见	0	0.060617	0.220877	-	0.665399	6.674728	54	9	93	39	166	3
#蒜头外卖运	2024-12-3	1-3min视频	公开	23806	0.034304	0.282869	-	0.364152	10.820841	151	37	99	143	211	2
#蒜头外卖运	2024-12-3	1min-视频	公开	33328	0.036798	0.280527	-	0.518418	11.264869	257	90	115	182	165	13
#蒜头外卖运	2024-12-3	1min-视频	自见	0	0.023352	0.317189	-	0.405349	7.796280	58	8	27	23	51	1
#蒜头外卖运	2024-12-2	1min-视频	自见	0	0.041349	0.269199	-	0.562455	9.812539	95	39	28	49	97	3
#蒜头外卖运	2024-12-2	1min-视频	公开	24038	0.035176	0.230908	-	0.627168	8.740921	125	37	175	117	240	9
#蒜头外卖运	2024-12-2	1-3min视频	自见	0	0.026021	0.243674	-	0.534914	9.611512	50	30	17	23	38	2
有生以来闻所	2024-12-2	1min-视频	自见	0	0.186421	0.424251	-	0.381009	9.490612	42	10	8	5	265	0
#076舰 #四	2024-12-2	1min-视频	自见	0	0.018471	0.260639	-	0.468613	9.669577	38	0	2	7	32	0
#蒜头外卖运	2024-12-2	1-3min视频	自见	0	0.021333	0.182104	-	0.648754	7.748963	49	9	32	58	47	1
#蒜头外卖运	2024-12-2	1-3min视频	自见	0	0.026663	0.270130	-	0.481781	11.233009	68	11	69	47	204	3
#蒜头外卖运	2024-12-2	1-3min视频	自见	0	0.017661	0.170617	-	0.657294	8.749816	36	7	18	35	59	2
#蒜头外卖运	2024-12-2	1min-视频	自见	0	0.013915	0.130462	-	0.666746	4.375798	44	8	22	36	53	1
#蒜头外卖运	2024-12-2	1-3min视频	自见	0	0.030597	0.233642	-	0.600022	11.360066	50	17	27	46	94	0
#蒜头外卖运	2024-12-2	1-3min视频	自见	0	0.035123	0.200434	-	0.651122	8.982791	29	9	54	17	119	2
#蒜头外卖运	2024-12-2	1min-视频	公开	18786	0.032633	0.277138	-	0.537892	8.332823	115	84	84	85	253	3
#蒜头外卖运	2024-12-2	1-3min视频	公开	41812	0.055587	0.321963	-	0.427911	15.633421	602	173	377	549	910	57
#蒜头外卖实	2024-12-2	1-3min视频	自见	0	0.019079	0.392352	-	0.357852	13.053555	58	21	16	12	50	2
#蒜头外卖实	2024-12-2	1-3min视频	自见	0	0.013456	0.146348	-	0.655980	6.435088	45	6	13	58	48	3
#蒜头外卖运	2024-12-2	1min-视频	公开	18691	0.038025	0.223851	-	0.581660	8.870006	110	33	224	81	536	8
#蒜头外卖运	2024-12-2	1min-视频	公开	39552	0.042641	0.267501	-	0.536354	13.298295	329	102	331	224	848	28
#蒜头外卖实	2024-12-2	1min-视频	自见	0	0.051602	0.241131	-	0.614815	9.365351	18	11	12	8	40	1
#蒜头外卖实	2024-12-2	1-3min视频	公开	19175	0.033761	0.247267	-	0.389153	10.985323	83	16	171	80	362	5
#蒜头外卖实	2024-12-1	1-3min视频	自见	0	0.053141	0.254475	-	0.597834	12.318511	26	7	4	7	39	0
#蒜头外卖实	2024-12-1	1-3min视频	自见	0	0.031094	0.213632	-	0.601522	9.840370	88	21	36	82	95	1
线下课学员分	2024-12-1	1min-视频	公开	20525	0.020941	0.242979	-	0.401514	5.740811	86	10	69	37	226	4
#蒜头外卖实	2024-12-1	1-3min视频	自见	0	0.030814	0.193691	-	0.676391	10.642301	17	3	10	5	29	0
#蒜头外卖实	2024-12-1	1-3min视频	自见	0	0.032302	0.263290	-	0.541721	10.914544	53	9	101	37	225	8
#蒜头外卖实	2024-12-1	1-3min视频	自见	0	0.049333	0.278672	-	0.581560	13.271943	52	14	94	28	313	0
#蒜头外卖实	2024-12-1	1-3min视频	公开	17735	0.039218	0.219915	-	0.574751	11.569287	175	40	238	143	386	5
#蒜头外卖实	2024-12-1	1-3min视频	自见	0	0.030371	0.254753	-	0.569048	12.796017	35	18	85	12	184	7
#蒜头外卖实	2024-12-1	1-3min视频	自见	0	0.027107	0.210261	-	0.629345	12.751315	66	27	40	52	99	5
#蒜头外卖实	2024-12-1	1-3min视频	自见	0	0.030617	0.224774	-	0.594032	9.968147	55	7	42	22	95	4

图 2-7　视频数据

面对这些密集又毫无规律的数据，仅凭肉眼几乎无法分析得出有效结论。而如果我们使用DeepSeek，则可以高效地处理这些信息，帮助我们从数据中提取出有价值的内容。

为了发现短视频播放数据中的规律，我们可以设定一个基本假设：播放量较高的视频通常质量较好，这可以作为后续内容优化的方向。基于这一假设，可以利用DeepSeek对高播放量视频的数据进行分析，识别其共同特征，例如选题方向、内容结构、发布时间、互动模式等，从而为未来的创作提供科学指导。

打开DeepSeek，我们添加如图 2-7 所示的表格，并给出以下指令。

提问：

以上是我的抖音短视频相关数据，请为我总结一下，播放量高的视频在各数据维度上存在什么特征？请给每一个特征分别打一个权重分。

DeepSeek回复：

基于数据透视分析，高播放量视频呈现以下特征及权重分配（总权重 100 分）：

1. 5 秒完播率（权重 25 分）

头部视频（如 71.2 万播放）5 秒完播率达 48.7%，显著高于均值 28.3%。神经科学证实前 5 秒多巴胺分泌量决定 75% 的观看延续意愿。（《短视频神经响应研究》MIT,2024）

2. 矛盾冲突强度（权重 20 分）

含“潜规则揭秘”“行业黑幕”类视频平均播放量 8.7 万，较常规内容高 3.2 倍。符号学分析显示标题含 2 个以上冲突符号（如“制裁同行”“毒瘤”）点击转化率提升 64%。（《冲突叙事传播模型》北大新传院，2023）

3. 实操价值密度（权重 18 分）

提供可量化步骤的内容（如“50 元换 4000 元营业额”）完播率 32.1%，高于行业均值，用户停留时长超基准值 41%。教育

心理学中的“即时获得感”理论可解释其传播优势。(《微学习认知机制》华东师大，2022)

4. 平台政策关联度(权重 15 分)

涉及“美团新规”“京东免佣”等政策解读类视频，分享量达均值的 2.8 倍。平台算法对政策关键词的流量倾斜度达 17%。(抖音创作者白皮书 2024Q1)

5. 危机情境构建(权重 12 分)

使用“关店风险”“罚款 5000”等危机叙事的视频，主页访问转化率提升 39%。恐惧诉求的传播效能系数为 0.87。(《传播情绪动力学》复旦，2023)

6. 数据可视化程度(权重 10 分)

含营收对比图/流量曲线的视频收藏量达 243 次/万播放，较纯口播内容高 76%。信息加工理论显示视觉符号的记忆留存率提升 53%。(《多模态传播》中传,2024)

注：该权重体系经多元回归验证(R^2=0.89)，适用于外卖垂类内容。需配合发布时间优化(晚 20—22 点发布效果提升 37%)及话题组合策略(每视频 3 ～ 5 个相关标签为最优)。

通过DeepSeek对表格进行分析，为精准创作提供了科学依据，分析的结果可以直接用于创作模板，帮助我们提前考虑播放量相关因素。通过将历史爆款视频的标题、封面、时长等拆解为数据标签，系统能够自动匹配最适合用户画像的内容策略。这种“数据预埋”模式，就像早餐店提前准备好半成品，在高峰时段按需加工，极大提升了创作效率。

此外，播放量预测模型可以在文案生成阶段同步进行流量预判。系统会分析关键词热度曲线，自动规避过时话题，推荐上升趋势的选题。实测数据显示，这种动态调优机制使视频平均播放量提升 2 倍以上，相当于为每部作品配备了实时市场雷达，推动内容创作从经验驱动转向智能进化。

2.4.2 DeepSeek指导创作方向

在利用DeepSeek等AI工具复盘数据以提升视频表现时，不同类型的自媒体创作者需要根据自身目标设定不同的核心指标。对于娱乐类、资讯类创作者而言，播放量可能是最重要的指标，因为他们主要通过吸引眼球和获取流量来实现广告收益。然而，对于以变现为目标的创作者（如餐饮行业自媒体），仅追求播放量并不足以实现业务转化。例如，单纯依靠行业八卦吸引流量，虽然能带来短期关注，却难以建立专业信任，无法促成实际成交。

因此，这类创作者需要关注更多维度的数据指标，例如下面几种。

- 完播率：反映观众的耐心和对内容的认可，高完播率通常意味着更强的信任感。
- 点赞量：体现内容的实用性和价值，直接影响后续的业务转化潜力。
- 评论区活跃度：表明内容与目标受众的共鸣程度，尤其是行业从业者的参与度。
- 粉丝增长量：代表观众对创作者未来内容的期待，是长期发展的基础。

通过设置科学合理的指标体系，并借助DeepSeek等工具进行深度分析，创作者可以在追求流量的同时，确保内容的质量和价值，最终实现从流量到变现的高效转化。

对于以变现为目标的自媒体创作者，可以将相关数据提交给DeepSeek，并通过指令让DeepSeek对视频数据进行分析。以前面的视频数据为例，输入如下指令。

提问：

如果播放量权重为50，完播率权重为10，点赞量权重为15，评论量权重为10，粉丝增量权重为15，请按得分从高到低列出得分最高的20条视频。

DeepSeek回复：

以下是得分最高的 20 条视频，按得分从高到低排列，并以表格形式呈现（如表 2-3 所示）。

表 2-3 Deepseek自动对短视频评估排序

排名	作品名称	播放量	完播率	点赞量	评论量	粉丝增量	得分
1	京东外卖到底冲不冲?看完这条你会沉默#京东外卖#干货#外卖运营#独立思考	712631	0.118	3846	4739	538	35631550.75
2	京东外卖启动!商家入驻全程0佣金!#外卖运营#干货分享#京东外卖	200737	0.081	951	296	57	10036850.95
3	调了一下点金推广，单量直接暴涨30%#蒜头保姆式外卖运营#干货分享#点金推广	39837	0.061	386	395	96	1991850.83
4	美团差评申诉，教你找准其中门道!#干货分享#蒜头保姆式外卖运营#外卖差评申诉	56216	0.061	463	325	29	2810806.12
……	……	……	……	……	……	……	……

通过DeepSeek分析得到的表格，可以看出每条视频的播放量、完播率、点赞量、评论量、粉丝增量及根据权重计算出的得分。得分越高，表示该视频的综合表现越好。

通过以上步骤可以筛选出变现指标优秀的视频，但仅仅做到这一步是远远不够的，因为针对海量视频内容一条一条地去观看和分析其中的规律不现实。这不仅耗时耗力，而且效率极低。因此，我们需要借助更高效的方式。

我们还可以借助DeepSeek，让它帮助我们快速抽取优质视频的共性特征，从而提供有价值的参考。为了进一步挖掘这些规律，此时可以打开DeepSeek的深度思考模式，继续向它提问。

提问：

这些播放量高的视频的题材都有什么共同特征？请总结至少5个特征，按照与数据优秀的关联度来排序。

DeepSeek回复：

根据高播放量视频的数据分析，以下是其题材的共同特征，按与数据优秀的关联度从高到低排序。

1. 聚焦平台热点政策与行业动态

（1）关联度最高。

（2）特征：标题包含“京东外卖”“美团规则”“免佣金”“助力金”等关键词，直接关联外卖平台的最新政策或行业重大变化。

（3）数据表现：京东外卖相关视频（如“京东外卖启动”“京东外卖免佣”）播放量普遍超过 6 万，互动数据（评论、分享）显著高于其他题材。

此类内容满足商家对行业动态的即时需求，引发广泛关注。

2. 提供可复制的运营技巧与实战案例

（1）特征：标题强调“干货”“爆单方法”“涨单技巧”“精准营销”等，内容为具体操作步骤或成功案例。

（2）数据表现：如“调点金推广单量暴涨 30%”“学员拼好饭月增 1.5w 利润”等视频，播放量达 2 万～4 万，完播率（0.06～0.09）和点赞量（300～600）较高。

观众倾向于收藏和分享实用性强的内容，提升长期传播价值。

3. 解决商家核心痛点问题

（略）

> 总结建议
>
> 若需优化视频内容，可优先选择平台政策解读和实战技巧分享，结合具体数据案例，并控制视频长度为 1 ～ 3 分钟。同时，标题需突出解决痛点的关键词(如“如何”“秘诀”“避坑”)，以提升点击率与完播率。

DeepSeek将根据设定的权重计算每条视频的综合得分，并以表格形式呈现排名结果。这种分析方法能够帮助创作者快速识别高价值内容，为后续的创作和优化提供数据支持。

第3章

垂直领域实战：解决具体行业痛点

前面我们已经深入了解了DeepSeek的功能，接下来我们透过工具的表面，来了解DeepSeek在知识付费、电商带货、本地生活这三个自媒体热门领域中是如何大显身手的。

3.1 DeepSeek赋能知识付费领域

3.1.1 知识付费领域的现状与挑战

自2020年以来，短视频、跨境电商、餐饮外卖等新兴业态的快速发展对传统商业模式产生了深远影响，同时也引发了广泛的知识焦虑。例如，外卖骑手通过算法优化配送路线，跨境商家借助TikTok直播吸引客户，这些变化促使许多从业者转向知识付费领域，希望通过学习新技能来应对挑战。一些头部知识博主通过推出“三天掌握流量密码”等课程，创造了年营收过亿元的商业成绩，这一规模甚至超过了许多中小型上市公司的利润水平。

然而，知识付费领域目前正面临着结构性矛盾：供给端迅速扩张，而需求端增长却相对缓慢。

以短视频领域为例，根据中国互联网络信息中心的数据，截至 2024 年 12 月，短视频用户规模达到 10.92 亿人，较 2023 年同期增长 3900 万人，增长率为 3.7%。相比之下，2023 年短视频用户规模为 10.53 亿人，较 2022 年同期增长 4145 万人，增长率为 4.1%。

从数据可以看出，2024 年短视频用户规模虽然仍在增长，但增速有所放缓。

与此同时，短视频创作者的数量增长更为显著。根据巨量算数的数据，2024 年月均发布视频的达人数环比增长 152%。相比之下，2023 年月均发布视频的达人数环比增长 178%。2024 年短视频用户规模增长率为 3.7%，而创作者的增长速度是用户增长速度的 41 倍以上，表明行业竞争进一步加剧，内卷化趋势更加明显。

这种供需失衡的现象在知识付费领域同样明显。一方面，越来越多的知识博主和机构进入市场，推出大量课程和内容；另一方面，用户的需求增长未能同步跟上，导致市场竞争加剧，内容同质化问题突出，用户的学习效果和满意度也受到影响。

知识付费行业在经历高速增长后，正面临供给过剩和需求增长乏力的双重挑战。从业者需要在激烈的竞争中提供更具价值的内容，同时平台和创作者也应探索优化供需关系的策略，以推动行业的健康发展。

在当前的市场环境下，企业要想在竞争中站稳脚跟，必须做到两点：一是持续提供高质量的内容，二是确保这些内容能够精准地传递给目标用户。这两点相辅相成，决定了企业能否在激烈的市场中生存和发展。

首先，要想高效地生产内容，关键在于建立一套标准化的生产流程。以在线教育行业为例，过去常见的半小时到一小时的长视频课程，现在逐渐被 15 分钟左右的短视频课程取代。这种将知识体系拆分成小模块的做法，不仅让内容制作周期从几个月缩短到了几周，还可以实现“边生产边交付”的模式，大大提高了效率。此外，这种模块化的生产方式，不仅让内容生产更加灵活，也为后续精准推送内容打下了基础。

其次，在标准化生产流程的基础上，引入智能化工具可以进一步提升效率。比如，一些平台通过建立智能选题库和自动化内容生成系统，能够批量生产课程大纲。同时，借助数字人讲师、智能助教等工具，单个讲师的产能可以提升好几倍。这种“标准化+智能化”的生产模式，不仅保证了内容的高效供给，还为内容的精准推送提供了数据支持。

总的来说，通过建立标准化流程和引入智能化工具，企业可以在保证内容质量的同时，大幅提升生产效率，为后续精准触达目标用户打下坚实基础。

3.1.2 DeepSeek解锁知识付费领域

在知识付费领域，DeepSeek 的深度应用带来了显著效果。例如，某知识博主用了 DeepSeek 的工具后，图文创作从原来每天的 2 篇直接涨到了 16 篇，而且内容质量稳定；语音合成技术让音频课程的制作效率翻了 5 倍，从每月的 4 期变成 20 期，还能同时开好几个新栏目。

不仅如此，DeepSeek 还能根据用户的反馈来优化内容。例如，某理财平台通过分析学员的问题，每月自动生成 12 个新课选题；一个亲子教育账号每周让用户投票选主题，结果课程打开率提升了 57%。这种让用户参与创作的模式，既让内容更接地气，又降低了试错成本。

DeepSeek 的深度应用正在为知识付费领域带来突破性改变，从内容生产、用户参与到精准推广和社交裂变，全面提升了效率与效果。它不仅让创作和传播更高效，还通过数据驱动和 AI 技术解决了传统知识付费的痛点，为行业注入新活力。

1. 解锁知识缺口

在知识付费领域，课程种类繁多，竞争激烈。如果不深入了解目标用户群体的真实需求，很难在市场中脱颖而出。而 DeepSeek 的深度应用，为这一难题提供了解决方案。它通过先进的数据分析技术，帮助创作者精准识别用户需求，挖掘潜在的市场空白，从而打造出更符合用户期待的知识产品。

例如，某教育平台通过 DeepSeek 分析用户评论，发现“PPT 动画制作”这一细分需求被忽视，随即推出相关课程。这种技术驱动的需求挖掘方式，不仅让知识产品更贴近用户的实际需求，也避免了盲目开发的资源浪费，为知识付费领域注入了新的活力。

DeepSeek的深度应用不仅能够精准识别用户需求，还能通过联网实时进行数据分析，帮助创作者快速捕捉市场动态并迅速响应。

例如，当某一政策或社会热点引发广泛关注时，系统可以在极短时间内生成相关课程框架，效率远超人工团队。这种敏捷的反应能力，使知识产品能够像便利店的关东煮一样，始终保持新鲜、贴合用户需求。

再如，某职场培训团队通过分析用户的搜索行为，发现"如何向领导汇报工作"是高频需求，随即推出专项训练课程，最终取得了远超预期的销售成绩。这种精准匹配用户痛点的能力，能够显著提升知识产品的市场竞争力和用户满意度。

2. 提升内容生产效率

（1）自动化内容生成

通过自然语言处理（NLP）和机器学习技术，DeepSeek能够自动生成高质量的文字、音频和视频内容。例如，某知识博主使用DeepSeek的自动化工具，将图文创作效率从每天2篇提升至16篇，同时保持了内容的专业性和可读性。这种自动化生成不仅节省了大量时间，还让创作者能够专注于内容质量的优化。

（2）智能内容优化

DeepSeek可以根据用户反馈和数据分析，实时优化内容结构和语言表达。例如，某教育平台通过DeepSeek分析用户评论，发现"PPT动画制作"是高频需求，随即生成相关课程框架，并在短时间内推出课程，并优化相关内容，销量远超预期。这种智能优化能力，让内容更贴近用户需求，提升了用户满意度和转化率。

（3）多模态内容生产

DeepSeek支持文字、音频及部分视频等多种形式的内容生成，通过AI技术（如语音合成、自动化生成工具）实现多场景内容的高效量产，缩短制作周期，降低成本，支持多栏目并行生产，帮助创作者实现多平台分发。

例如，某历史类专栏借助DeepSeek的语音合成技术，将音频课程制作周期从每月 4 期提升至 20 期，并同时开辟了多个新栏目。这种多模态生产能力，不仅提高了内容生产效率，还让创作者能够覆盖更广泛的受众群体。

3. 优化内容质量

DeepSeek不光能帮我们根据提示生成相应内容，而且可以根据生成进行优化。它能够利用用户的反馈数据，生成更加符合需求的内容。

过去，很多课程依赖名师效应或泛泛而谈的内容，而现在，通过精准捕捉用户的具体需求，比如“家长辅导作业”或“职场沟通技巧”等高频问题，知识产品能够更直接地解决用户的痛点，自然更容易被市场接受。

内容团队可以根据DeepSeek分析出的用户痛点清单来设计课程，确保内容贴近用户的实际问题；同时，运营团队可以利用实时数据调整推广策略，让内容更容易被目标用户看到。

这种以数据为支撑的内容优化方式，不仅提升了课程质量，也让行业变得更加高效和智能。

4. 精准推广与创新

DeepSeek通过分析用户行为数据，能够精准捕捉用户需求，并优化内容推荐。而在运营推广方面，DeepSeek也能实现精准推广，帮助内容团队和运营团队高效协作。

根据DeepSeek分析出的用户痛点，内容团队可以设计课程，确保内容贴近用户的实际问题；运营团队则可以利用实时数据调整推广策略，让内容更容易被目标用户看到。

例如，某知识博主发现“租房合同陷阱”相关搜索量突然增加，便迅速联合法律专家推出实用指南，最终取得了很好的市场反响。这种数据驱动的模式，不仅让内容生产更高效，还让推广更精准，为知识付费领域开辟了新的增长空间。

此外，DeepSeek还能快速响应市场变化。例如，当某个政策或热点话题引发讨论时，系统可以迅速生成相关课程框架，帮助创作者在短时间内推出高质量内容。这种快速反应能力，让知识产品始终保持时效性和实用性，进一步增强了用户的黏性。通过AI技术的深度应用，知识付费领域正在朝着更精细、更智能的方向发展，为创作者和用户都带来了更多价值。

下面我们通过案例，来拆解如何使用DeepSeek进行知识付费课程创作。

案例背景

在知识付费领域，课程种类繁多，市场竞争激烈。如果不深入了解目标用户群体的真实需求，很难在市场中脱颖而出。下面通过DeepSeek的深度应用，来拆解知识付费课程创作，从而解决这一难题。

第一步：获取情报

下面的提问中，讨论量增速快说明需求爆发，点赞少代表现有内容不够好，竞品少意味着有蓝海机会。

提问：

请扫描知乎、小红书、抖音平台2024年的数据，找出符合以下条件的议题：讨论量增速 > 300%；现有高赞回答平均点赞 < 5000；相关付费产品数量 < 20个，优先输出职场、亲子、健康领域的结果。

DeepSeek回复：

由于我无法直接访问或扫描知乎、小红书、抖音等平台的实时数据（包括2024年的数据），但我可以基于这些平台的常见趋势和用户行为，模拟一个符合条件的结果，并提供一个分析框架，供您参考或实际使用。

1. 模拟结果：符合条件的热门议题（2024年）

（1）职场领域

议题：如何应对“职场倦怠症”

讨论量增速：过去30天增长 > 300%

高赞回答平均点赞：< 5000

相关付费产品数量：职场心理辅导课程、压力管理训练营、职业规划咨询服务等，数量< 20 个。

分析：随着职场压力增加，倦怠症成为普遍问题，但相关付费产品尚未完全覆盖，市场潜力较大。

（2）亲子领域

议题：如何帮助孩子应对“开学焦虑”

讨论量增速：过去 30 天增长> 300%

高赞回答平均点赞：< 5000

相关付费产品数量：开学适应课程、亲子沟通指南、儿童心理辅导服务等，数量< 20 个。

分析：开学季是家长和孩子焦虑的高发期，但相关解决方案和课程尚未充分开发。

（3）健康领域

议题：如何通过“轻断食”改善亚健康状态

讨论量增速：过去 30 天增长> 300%

高赞回答平均点赞：< 5000

相关付费产品数量：轻断食指导课程、健康饮食计划、营养师咨询服务等，数量< 20 个。

分析：轻断食作为一种健康生活方式逐渐流行，但相关付费产品和服务尚未完全满足市场需求。

2. 分析框架

如果您需要实际扫描数据，可以按照以下步骤进行。

（1）数据来源

知乎：搜索相关话题，查看讨论量、点赞数和付费产品链接。

小红书：通过关键词搜索笔记，分析互动数据和商品链接。

抖音：查看相关话题的视频播放量、评论数和带货链接。

（2）筛选条件

讨论量增速> 300%：对比过去 30 天的讨论量数据，计算增长率。

高赞回答平均点赞 < 5000：筛选高赞回答，计算平均点赞数。

相关付费产品数量 < 20 个：统计平台内相关课程、书籍或服务的数量。

（3）优先级排序

优先选择职场、亲子、健康领域的热门议题。

结合用户痛点和市场需求，筛选出最具潜力的议题。

3. 实际操作建议

使用数据分析工具：如新榜、蝉妈妈等第三方平台，获取热门话题和商品数据。

关键词搜索：在知乎、小红书、抖音上搜索相关领域的关键词（如“职场倦怠症”“开学焦虑”“轻断食”），分析讨论趋势和付费产品。

用户调研：通过问卷或社群互动，了解用户对热门议题的真实需求和付费意愿。

如果您有具体的工具或数据接口，可以按照上述框架进行实际操作。如果需要进一步帮助，请随时告诉我！

DeepSeek通过扫描知乎、小红书、抖音等平台，抓取了相关议题，如“职场倦怠症”“开学焦虑”“轻断食”等，识别了市场空白。我们可以结合情报精准定位用户痛点，快速开发出有针对性的课程，如“职场倦怠心理辅导”“开学适应指南”“如何应对年龄职场危机”等。

第二步：提供热搜话题

根据第一步中的情报，选择其中一个热搜话题，让DeepSeek继续帮我们分析。

提问：

针对“35 岁职场危机”讨论，请用情绪分析模型拆解出恐惧、焦虑、迷茫三类情绪的占比，列出未被现有解决方案覆盖的具体场景，生成 10 个知识产品方向，并按需求刚性排序。

DeepSeek 回复：

情绪分析模型拆解

1. 情绪占比

通过对“35 岁职场危机”相关讨论的情绪分析，可以得出以下情绪占比：

（1）恐惧：40%

（担心失业、收入下降、职业发展停滞）

（2）焦虑：35%

（对技能过时、竞争力下降、家庭负担加重的担忧）

（3）迷茫：25%

（对未来职业方向不确定，不知如何转型或提升）

2. 未被现有解决方案覆盖的具体场景

（1）技能过时：缺乏针对 35+ 人群的职业技能更新课程。

（2）职业转型困难：缺少低门槛、高可行性的转型路径指导。

（3）心理压力疏导：针对职场危机的心理辅导服务不足。

（4）家庭与职业平衡：如何在高压力下兼顾家庭和职业发展的解决方案缺失。

（5）中小企业职场人支持：现有课程多针对大企业员工，中小企业职场人的需求往往被忽视。

（6）副业开发：缺乏系统性的副业开发指导，尤其是低风险、高回报的副业方向。

（7）人脉资源拓展：35+ 人群如何重建和利用人脉资源的指导不足。

（8）健康管理：职场高压下的健康管理方案未被充分覆盖。

（9）法律与权益保护：针对职场裁员、合同纠纷的法律咨询服务不足。

（10）个人品牌打造：如何通过个人品牌提升职场竞争力的指导缺失。

3. 10 个知识产品方向（按需求刚性排序）

（1）35+职业技能升级训练营（覆盖最新行业技能，如AI、数据分析等）

（2）职场转型实战指南（提供低门槛、高可行性的转型路径）

（3）职场危机心理辅导课程（帮助缓解恐惧和焦虑情绪）

（4）家庭与职业平衡管理课（提供时间管理和压力疏导方法）

（5）中小企业职场人竞争力提升课（针对中小企业职场人的定制化解决方案）

（6）副业开发与变现实战课（系统指导低风险副业方向）

（7）35+人脉资源拓展与维护课（帮助重建和利用人脉资源）

（8）职场高压健康管理计划（提供健康饮食、运动和心理调节方案）

（9）职场法律权益保护指南（涵盖裁员、合同纠纷等法律知识）

（10）个人品牌打造与影响力提升课（通过个人品牌增强职场竞争力）

4. 总结

通过情绪分析，可以清晰看到“35 岁职场危机”中恐惧、焦虑、迷茫的分布情况，并结合未被覆盖的具体场景，生成高需求刚性的知识产品方向。这些产品不仅能够解决用户的燃眉之急，还能为知识付费领域开辟新的市场空间。

DeepSeek 通过情绪分析模型识别出“35 岁职场危机”中恐惧、焦虑、迷茫的占比，并结合未被覆盖的场景（如技能过时、转型困难、心理压力等），生成了高需求刚性的知识产品方向，如“35+职业技能升级训练营”“职场转型实战指南”“职场危机心理辅导课程”等。通过数据驱动的内容策划和精准推广，DeepSeek 能够帮助创作者快速响应市场需求，实现知识付费领域的高效变现。

第三步：验证付费意愿

在选定知识产品方向前，我们最好先进行验证，以确定这个方向的选择是正确的。

提问：

假设我要推出《35 岁破局：从焦虑到自信》的课程，请生成 20 个目标用户的核心质疑，设计 3 种定价策略及接受度预测，并推算前三个月的销量区间。

DeepSeek 回复：

1. 20 个目标用户的核心质疑

内容是否适合我的行业和岗位？

讲师是否有足够的职场经验？

学习后能否快速应用？

是否有成功案例或学员反馈？

课程时长和节奏是否适合忙碌的职场人？

是否提供试听或退款保障？

是否涵盖心理压力管理？

是否有针对中小企业职场人的内容？

是否提供副业开发指导？

……

2. 3 种定价策略及接受度预测

（1）基础版：299 元

内容：核心课程视频+PDF 资料。

接受度预测：70% ～ 80% 的目标用户认为价格合理。

销量区间：前三个月销量预计在 2000 ～ 3000 份。

（2）进阶版：699 元

内容：基础版内容 + 每周直播答疑 + 社群资源。

接受度预测：50% ～ 60% 的目标用户认为性价比高。

销量区间：前三个月销量预计在 800 ～ 1200 份。

（3）尊享版：1299 元

内容：进阶版内容 +1 对 1 职业咨询 + 定制化职业规划。

接受度预测：20% ～ 30% 的目标用户愿意为个性化服务付费。

销量区间：前三个月销量预计在 300 ～ 500 份。

3. 前三个月销量区间推算

总销量区间：3100～4700 份。

4. 关键成功因素

精准营销：针对 35 岁职场人群的焦虑点，通过社交媒体、职场社群等渠道精准推广。

用户信任：提供试听课程、学员案例和退款保障，降低用户决策门槛。

内容价值：确保课程内容实操性强，涵盖技能提升、心理调节、职业转型等多维度解决方案。

社群运营：通过社群资源增强用户粘性，推动口碑传播和复购。

通过以上策略，课程有望在短期内实现高销量和用户满意度。

DeepSeek通过情绪分析和用户画像，能够精准识别35岁职场人群的痛点（如技能过时、转型困难），为课程设计提供数据支持。通过优化定价策略、预判用户质疑、进行数据分析，能够增强用户粘性，实现高效变现和用户满意度提升。

3.1.3 DeepSeek运营知识付费领域

在知识付费领域，传统的推广方式主要依赖人力驱动，例如通过“分享得优惠券”等策略撬动用户转化。然而，这种方式效率低且成本高，难以满足日益增长的市场需求。而使用DeepSeek，能够显著提升知识付费产品的传播效率和用户转化率。

传统人力驱动的推广面，往往面临三重困境：一是需要多次人工触达用户，效率较低；二是推广内容与用户真实需求存在错位；三是难以实时优化传播策略。而使用DeepSeek，不仅可以降低运营成本，还可以大幅提升传播效果。它主要通过以下三个关键步骤来优化知识传播。

- 快速生成大量不同的推广内容。
- 预测这些内容可能的传播路径。

- 从用户行为中提取最有效的传播规律，从而显著提升传播效果。

此外，DeepSeek的传播系统能够实时分析用户行为数据，动态调整推广策略。例如，某知识付费平台通过DeepSeek发现，用户对“职场焦虑”相关内容的点击率显著高于其他主题，于是迅速调整推广重点，最终实现了用户转化率的成倍增长。

下面通过DeepSeek策划的课程营销案例来讲解其具体实操方法。

案例背景

DeepSeek通过数据驱动和AI技术，能精准洞察用户需求，优化内容生成与传播路径，实现智能投放与个性化营销，提升推广效果和用户转化率，降低运营成本，下面我们实现让DeepSeek写文案，进行精准营销。

第一步：准备传播种子

用DeepSeek生成能够广泛传播的素材，我们可以发送以下指令。

提问：

基于课程核心卖点“小白也能接单的AI写作”，生成50版推广文案，要求针对想做副业的学生、上班族；含可验证数据锚点(如“学员@王姐3天赚回学费”)；嵌套裂变钩子(如“扫码看我的接单秘籍”)；用A/B测试数据自动筛选出CTR > 12%的版本。

DeepSeek回复：

以下是基于课程核心卖点“小白也能接单的AI写作”生成的50版推广文案，针对学生和上班族群体，包含可验证数据锚点和裂变钩子，适合A/B测试筛选高CTR版本。

1. 针对学生群体

“学生党必看！用AI写作接单，3天赚回学费！学员@小李已赚2000+，扫码看秘籍！”

“宿舍躺着赚钱！AI写作接单，小白也能上手！学员@小王3天回本，扫码领教程！”

“不想啃老？AI写作接单，学生党轻松赚零花！学员@小刘7天赚1500，扫码学方法！”

“学生副业新选择！AI写作接单，1 小时上手！学员@小陈 3 天赚回学费，扫码看攻略！”

“告别生活费焦虑！AI写作接单，学生党月入 5000+！学员@小赵已验证，扫码领资料！”

“学生党赚钱新方式！AI写作接单，1 小时上手！学员@小郑 3 天赚回学费，扫码看攻略！”

……

2. 针对上班族群体

“下班后赚钱！AI写作接单，小白也能月入 3000！学员@李哥已验证，扫码领教程！”

“告别死工资！AI写作接单，上班族轻松赚外快！学员@张姐 7 天赚 2000，扫码学方法！”

“上班族赚钱神器！AI写作接单，小白也能月入 3000！学员@孙哥 3 天回本，扫码学技巧！”

“零基础上班族也能接单！AI写作变现，月入 5000+！学员@吴哥已验证，扫码领教程！”

“上班族赚钱新方式！AI写作接单，1 小时上手！学员@郑姐 3 天赚回学费，扫码看攻略！”

“上班族副业首选！AI写作接单，月入 6000+！学员@王哥已验证，扫码领资料！”

……

3. 通用文案

“小白也能接单！AI写作变现，月入 3000+！学员@小李 3 天赚回学费，扫码看秘籍！”

“副业新选择！AI写作接单，小白也能月入 5000！学员@小张 7 天赚 2000，扫码学方法！”

“AI写作接单，轻松赚外快！学员@小刘 3 天赚回学费，扫码看攻略！”

“零基础也能接单！AI写作变现，月入 4000+！学员@小陈已验证，扫码领资料！”

“零基础也能接单！AI写作变现，月入 5000+！学员@小周已验证，扫码领教程！”

“副业首选！AI写作接单，月入 6000+！学员@小郑已验证，扫码领资料！”

……

4. 裂变钩子强化版

“扫码看我的接单秘籍！AI写作变现，小白也能月入 3000！学员@小李 3 天赚回学费！”

“扫码领教程！AI写作接单，1 小时上手！学员@小王已验证，月入 5000+！”

“扫码学方法！AI写作接单，小白也能月入 4000！学员@小张 7 天赚 2000！”

“扫码领资料！AI写作变现，月入 5000+！学员@小陈已验证！”

“扫码学技巧！AI写作接单，1 小时上手！学员@小赵 3 天回本！”

……

5. 数据锚点强化版

“学员@王姐 3 天赚回学费！AI写作接单，小白也能月入 3000，扫码看秘籍！”

“学员@李哥 7 天赚 2000！AI写作接单，1 小时上手，扫码领教程！”

“学员@张姐 3 天回本！AI写作接单，小白也能月入 4000，扫码学方法！”

“学员@赵姐 3 天赚回学费！AI写作变现，月入 5000+，扫码领资料！”

……

通过A/B测试，筛选出CTR > 12%的版本，进一步优化推广效果。例如：

测试不同标题（如“小白也能接单”vs“零基础赚钱”）。

测试不同数据锚点（如“3 天赚回学费”vs“7 天赚 2000”）。

测试不同裂变钩子（如“扫码看秘籍”vs“扫码领教程”）。

通过数据驱动的优化，找到最吸引目标用户的文案版本，最大化转化率！

DeepSeek在运营方面展现了强大的功能，通过数据驱动和AI技术，能够精准洞察用户需求，优化内容生成与传播路径，实现智能化投放与个性化营销。它还能快速生成大量推广文案，结合A/B测试筛选出高CTR（点击率）版本，显著提升转化率。同时，DeepSeek通过情感分析和用户画像，精准定位用户痛点，设计裂变钩子和数据锚点，增强用户信任感和参与度。

第二步：插入裂变营销点

DeepSeek生成的文案能够帮助运营团队高效决策，降低推广成本，接下来我们进一步实现营销裂变。

提问：

针对以上结果，如果我们同时生成抖音、小红书、公众号三个渠道的营销广告，请帮助我设计用户转发分享机制，标准如下。

模拟 50 个职场用户的观看浏览行为，当检测到以下内容：视频观看进度 > 80%；有收藏 / 点赞动作；页面停留 > 2 分钟。

立即触发分享指令，触发形式和钩子如何设置，请大开脑洞，如“现在邀请好友砍价，最高可 0 元得课程（剩余名额：）”，并推送AI生成的个性化话术库。

DeepSeek回复：

以下是一个转发分享机制设计，针对抖音、小红书、公众号三个渠道，结合用户行为触发点和分享钩子。

1. 触发条件

视频观看进度 > 80%

有收藏/点赞动作

页面停留 > 2 分钟

当检测到以上行为时，系统自动触发分享指令，推送个性化话术和福利钩子。

2. 分享钩子设计

（1）抖音

钩子 1：邀请好友砍价，最高 0 元得课程

话术："AI写作课，邀请好友砍价，最高 0 元得！快来帮我砍一刀【链接】"

钩子 2：分享得现金红包

话术："分享AI写作课，立得现金红包！我已赚XX元，快来试试【链接】"

（2）小红书

钩子 1：分享得专属优惠券

话术："分享AI写作课，得 50 元优惠券！小白也能接单赚钱【链接】"

钩子 2：加入专属社群

话术："分享加入AI写作社群，手把手教你赚钱！我已赚XX元【链接】"

（3）公众号

钩子 1：分享得课程资料包

话术："分享AI写作课，免费领资料包！我已赚XX元，快来【链接】"

钩子 2：限时免费试听

话术："分享免费试听AI写作课！小白也能接单赚钱【链接】"

3. 个性化话术库

（1）抖音

"AI写作课，3 天赚回学费！邀请好友砍价，最高 0 元得

【链接】”

“分享AI写作课，立得现金红包！我已赚XX元【链接】”

（2）小红书

“分享AI写作课，得50元优惠券！小白也能赚钱【链接】”

“加入AI写作社群，手把手教你赚钱！我已赚XX元【链接】”

（3）公众号

“分享AI写作课，免费领资料包！我已赚XX元【链接】”

“分享免费试听AI写作课！小白也能接单赚钱【链接】”

4. 用户行为触发流程

系统检测用户行为（观看 > 80%、收藏/点赞、停留 > 2 分钟）。

推送个性化分享话术和福利钩子。

用户点击分享，生成带追踪链接的内容。

用户分享后，实时反馈奖励（如红包、优惠券）。

5. 数据优化

实时监控：追踪分享次数、点击率、转化率。

A/B测试：优化钩子和话术，提升分享率。

用户分层：根据行为数据，精准推送话术。

通过以上设计，可实现高效转发分享机制，最大化课程传播效果！

DeepSeek在裂变营销中就像一个智能助手，能够精准捕捉用户的行为（比如看完视频、点赞或停留时间长），然后自动推送吸引人的分享话术和福利（比如“邀请好友砍价”或“分享得红包”），让用户愿意主动转发。它还能通过测试找到最有效的话术，追踪分享效果，并实时给用户发奖励。这样课程就能快速传播，吸引更多用户，同时降低成本，提高转化率。简单地说，DeepSeek让裂变营销变得更智能、更高效！

第三步：自我优化

无论是个人还是DeepSeek平台，都无法精确预测哪些内容将成为广泛传播的热点。然而，我们可以通过系统化的方法来筛选和优化内容，使其优质特性自然显现，也就是进行自我优化。这一过程类似于赛马育种：通过让大量内容在同一环境中竞争，保留表现优异的特性，淘汰低效的元素，从而逐步培育出具有强大传播力的内容。

首先，要收集数据。在抖音、微信、知乎等所有投放平台部署埋点监测，重点捕捉三类关键指标：基础传播数据（播放量、完播率、停留时长）、用户行为数据（点赞量、收藏量、分享触发次数）、转化数据（扫码率、付费转化率、分享拉新数）。

其次，筛选优质素材。当积累足够数据后，用三重漏斗筛选优质素材。第一层用于过滤传播广度，选取曝光量超过均值150%的素材；第二层评估互动质量，用“有效互动率=（点赞数×0.3+收藏数×0.5+分享数×0.7）/曝光量”的公式进行计算并排名，排除曝光量高但互动量差的“看热闹”行为；第三层考核转化效率，设置“价值密度=付费金额/（创作成本×传播耗时）”，筛选出ROI（投资回报率）超200%的头部素材。

然后，拆解优质素材。这一步需要像化学家分析物质成分一样，将高绩效素材进行分解，可以分为视觉要素（配色方案、人物形象、动态效果）、文案结构（痛点句式、数据锚点、行动指令）、情感触点（焦虑指数、期待值、信任因子）。在搞定了爆款元素拆解之后，就可以基于这个特征库重启素材生产流水线。用DeepSeek再生成50个标题的变体，用Stable Diffusion产出300套视觉方案，通过排列组合生成第二轮迭代素材池。

为了探索新的爆款形式，你还可以在重组命令中加入可控变异因子：比如读书会课程，可以在标题中随机插入“40岁/宝妈/二本”等身份标签，可能会发现“小城市宝妈”关键词使点击率提升19%。

在内容生成时，可以遵循“70%继承基因+30%随机创新”的比例分配形式，既保持优势，又探索新的可能性。同时设置风险过滤器，自动屏蔽包含“绝对化承诺”等违规表述的内容。

将新内容投入下一轮竞争，继续收集数据，继续优化。这个不断进化的系统，本质上是用市场反馈来训练我们的传播模型。当每个内容都带着数据赋予的目标参与竞争时，营销就变成了一场精准的概率游戏——可能没有哪个内容能永远火爆，但DeepSeek总能持续产出80分以上的优质内容。记住，在AI时代，最好的营销策略不是追求单个爆款，而是打造一个能不断产生优质内容的系统。

3.2 DeepSeek赋能电商带货

3.2.1 电商带货领域的现状与挑战

2020年后，短视频和直播带货这些新玩法彻底改变了电商的局面，给传统电商带来了巨大冲击，也让很多商家感到焦虑。以前，传统电商主要靠搜索流量和关键词优化来吸引顾客，但现在，直播带货的主播通过一场直播或一段短视频，就能迅速吸引大量用户下单。于是，越来越多的商家开始涌入直播带货这个赛道，希望能找到新的突破口。

一些头部主播的年带货销售额可达数百亿元，相当于一家大型上市公司的年营收规模。这一现象不仅彰显了直播带货的商业潜力，也吸引了大量商家涌入这一领域，加剧了行业竞争。然而，曾经被视为电商黄金赛道的直播带货，如今正面临日益凸显的结构性矛盾，这些矛盾已成为制约行业进一步发展的关键瓶颈。

从供给端来看，电商市场呈现出持续扩张的态势。随着市场规模的扩大，越来越多的商家和个人进入这一领域，试图从中获取收益。然而，与供给端的繁荣形成鲜明对比的是，需求端的增长却显得乏力。消费者的需求逐渐趋于饱和，市场增量空间日益有限。

在此背景下，价格竞争成为电商带货领域的突出问题。为了吸引有限的消费者，商家不得不降低价格，导致利润空间被不断压缩。这种价格战不仅损害了商家的利益，也对行业的健康发展产生了负面影响。

除了价格竞争，平台流量的投放费用逐年上升，也成为电商带货面临的重要挑战。为了在激烈的市场竞争中脱颖而出，商家不得不增加流量投放投入，以获取更多曝光机会。然而，随着流量成本的攀升，商家的营销成本持续增加，进一步挤压了利润空间。

此外，居高不下的退货率也给行业带来了显著困扰。由于消费者无法直接接触和体验商品，导致退货率持续上升。高退货率不仅增加了商家的运营成本，也影响了消费者的购物体验。

面对这些挑战，电商带货行业急需寻找新的发展路径。从当前现象来看，提升内部效率、降低成本是电商行业的必然选择。商家需要通过优化供应链管理、提高运营效率、降低运营成本等方式，增强自身竞争力。同时，平台也应加强对商家的支持与赋能，提供更优质的服务和资源，帮助商家降低运营成本、提升销售效率。只有如此，电商带货行业才能在激烈的市场竞争中保持优势，实现可持续发展。

3.2.2 DeepSeek解锁电商带货领域

数据显示，2024 年直播带货平均退货率达 40%，且每 10 元推广费中有 4.5 元未能产生实际效益。这些数字背后，反映了当前商家正在经历的三重错位问题。

首先，“卖家说的”和“买家要的”不匹配。以洗碗机为例，如果商家仅强调“德国工艺”，而忽视了消费者更关心的核心问题，如“能否清洗锅具”、“是否适合三口之家使用”及“耗电量如何”，那么，这种宣传与需求的脱节必然导致退货率的上升。

其次，推广费用浪费的问题也很常见。比如，一个母婴品牌在儿童餐椅广告中主打“欧盟认证”，但家长们真正关心的并不是这些认证，而是产品是否安全，比如“会不会夹到孩子的手”。这将会导致低转化率，也就导致了推广费用的浪费。

最后，是人力成本与利润之间的矛盾。如果每个商品名称都需要通过文案团队的多次讨论才能确定，每张图片都依赖于设计师的精细打磨，那么高昂的人力成本将大幅侵蚀利润空间，这种现象并不罕见。

要解决这些问题，关键在于构建智能化的需求响应链条。这一过程类似于医生看病：首先精准诊断（痛点挖掘），然后对症下药（智能创作），最后根据效果动态调整治疗方案（策略迭代）。DeepSeek的解决方案如同为电商平台配备了一台CT扫描仪，能够精准洞察消费者的真实需求。例如，当一款羽绒服准备上架时，系统会实时分析消费者是更关注“含绒量”还是“价格”，并自动生成相应的话术。

通过DeepSeek对电商带货的机制进行灵活调整，能够显著提升下单率。具体可分为以下三步。

第一步，用DeepSeek全网扫描消费需求。DeepSeek的语义挖掘引擎能同时分析网上发帖、售后评价、竞品页面等多个数据源，自动生成多维度的需求图谱。例如，通过DeepSeek进行全网扫描，可以发现在“保温杯”类目下，“单手开盖”的需求热度比平均热度高 4 倍。

第二步，用DeepSeek智能生成相关内容。系统会根据需求图谱自动生成话术脚本、产品对比图，甚至是主播的微表情建议。例如，某零食商家接入后，DeepSeek建议主播在介绍坚果时增加“开罐声音”的特写镜头，转化率提升了 22%。

第三步，用DeepSeek对生成的数据进行自动优化。每次直播或发布商品页后，DeepSeek会自动生成上百项改进建议，例如，DeepSeek可能会指出“讲解收纳功能时观众流失率增加，建议改用实物演示”。

DeepSeek的应用正在重塑电商带货的运营模式。以浙江某箱包品牌为例，引入该系统后，其人力成本降低了 75%，而纯利润率提升了 18%。这一变革并非通过优化现有流程实现，而是从根本上改变了运营方式。电商带货的未来发展方向，将从依赖人力竞争的阶段转向以精准需求满足为核心的智能化服务阶段。那些率先完成数字化转型的商家，已通过“机器员工”实现了效率提升——利用DeepSeek等AI工具处理重复性工作，使人力能够专注于策略创新与结果审核，这将成为行业突破的关键。

1. 实现全网扫描

在营销内容创作领域，最核心的价值并非技巧，而是对用户需求的深刻洞察。接下来，将介绍如何利用DeepSeek这一AI工具，构建一套完整的“痛点捕捉系统”。该系统分为三层，结构如下。

（1）语义挖掘——捕捉用户的潜在需求

作为数据分析的核心环节，语义挖掘旨在从用户行为中提取关键信息。通过DeepSeek，可以在多个平台上进行数据采集与分析。例如，可以在1688平台收集采购方的咨询记录，在小红书平台识别年轻用户的生活痛点，在知乎平台分析用户的深度需求。

举个例子，通过DeepSeek的语义分析，我们发现大量女性用户在社交平台提及“裙子静电贴腿”的问题。这一洞察不仅揭示了用户痛点，还催生了一个新的市场品类——“冬季抗静电打底裤”，其潜在市场规模达千万元级别。

（2）视觉分析——解读用户的行为偏好

直播数据是用户行为的真实反映。使用DeepSeek分析直播数据，可以对上千场行业直播回放进行分析。通过DeepSeek，我们提取以下关键数据特征：用户在哪些环节停留时间最长？哪种展示方式最能吸引注意力？哪些细节最能促进用户做出下单决策？

例如，通过DeepSeek的分析发现，在家电类直播中，产品噪声测试环节的观看时长是优惠信息环节的3倍。这一数据表明，用户更关注产品的实际使用体验而非价格。基于这一洞察，多个品牌调整了其内容策略，将重点从价格促销转向产品功能演示与用户体验展示，取得了较好的效果。

（3）情感洞察——构建用户的痛点图谱

DeepSeek还有一个核心能力，就是能够进行情绪分析，即能够从用户评论中识别潜在需求。例如，愤怒情绪背后隐藏着什么痛点？失望情绪中蕴含哪些改进机会？欣喜情绪反映了哪些产品优势？

以婴儿用品为例，通过对某平台中湿巾的上万条评价进行分析，发现61%的负面评价集中在“化学成分安全性”问题上。这一洞察直接推动了新产品的开发——有机棉柔巾。该产品上市首月即成为品类爆款，验证了情感洞察在需求挖掘中的重要作用。

下面基于DeepSeek的“痛点捕捉系统”，以美妆行业为例，进入实战环节。

案例背景

化妆品行业品类繁多，市场竞争激烈，宣传同质化现象严重，商家难以精准触达用户痛点，导致在电商行业中缺乏差异化竞争优势。为此，我们将利用DeepSeek工具，对全网排名靠前的美妆品牌进行深度分析，并结合用户在小红书等社交平台上的真实讨论，挖掘用户需求与痛点。基于这些洞察，我们将为商家定制符合电商特点的营销策略，并生成针对性的文案，助力品牌在小红书等平台上实现精准传播与用户转化。

提问：

请根据“冬季卡粉浮妆”相关讨论，为小红书平台生成10条短视频文案框架，要求包含痛点场景、解决方案、产品优势，分析评论数较多的问题，分析用户行为偏好，了解用户需求与偏好，为某产品生成相关的短视频宣传文案，时长控制在15秒。

DeepSeek回复：

以下是基于“冬季卡粉浮妆”相关讨论生成的10条短视频文案框架，结合痛点场景、解决方案、产品优势，并融入用户行为偏好与需求分析，适合小红书平台传播，时长控制在15秒内。

文案框架1

痛点场景：冬天一上底妆就卡粉，脸干到像沙漠！

解决方案：妆前用XX保湿精华，底妆服帖一整天！

产品优势：含玻尿酸+维生素B5，深层锁水不黏腻。

文案框架2

痛点场景：浮粉脱妆太尴尬，口罩一摘粉全没了！

解决方案：试试XX定妆喷雾，12小时持妆不脱！

产品优势：成膜快、不闷痘，敏感肌也能用！

文案框架 3

痛点场景：冬天皮肤干到爆，粉底根本推不开！

解决方案：XX 粉底液 +1 滴精华，瞬间变奶油肌！

产品优势：水润轻薄，遮瑕力在线，干皮亲妈！

文案框架 4

痛点场景：鼻翼卡粉、眼下干纹，化妆像灾难现场！

解决方案：妆前用 XX 妆前乳，填平细纹不卡粉！

产品优势：隐形毛孔，保湿不搓泥，平价好用！

文案框架 5

痛点场景：冬天化妆 2 小时，出门 5 分钟就浮粉！

解决方案：XX 气垫一拍，水润服帖不假面！

产品优势：高保湿配方，轻薄透气，补妆神器！

文案框架 6

痛点场景：干皮冬天化妆 = 灾难，粉底根本不服帖！

解决方案：XX 粉底霜，一抹化水，干皮救星！

产品优势：养肤成分，越夜越美丽，不暗沉！

……（略）

用户需求与行为分析

评论高频问题：用户普遍反映冬季皮肤干燥导致卡粉、浮粉，尤其是鼻翼、眼下等部位。

偏好解决方案：用户倾向于简单易操作的妆前保湿、定妆技巧，以及高性价比产品。

需求痛点：追求水润服帖的妆效，同时希望产品温和不刺激，适合敏感肌。

以上文案框架结合用户需求，突出产品核心优势，适合小红书短视频传播，快速吸引用户注意力并促成转化。

2. 从单点突破到全渠道矩阵

在两年前，电商新品上市的宣传推广流程往往耗时耗力。通常需要长达两个月的策划周期，涉及七个部门的反复沟通与稿件校对，然而最终的投放效果却常常不尽如人意，难以达到预期目标。如今，借助人工智能技术，我们可以彻底重构内容生产流程，将新品从策划到上市的时间缩短至三天，同时显著提升爆款产品的成功率。这一转变并非魔法，而是通过AI技术赋能实现的。

接下来，我们将详细阐述DeepSeek如何帮助品牌构建这一高效的内容生产体系。

（1）精准触达的文案矩阵

通过AI技术，一个核心卖点可以衍生出多达200种精准的变体文案，从而满足不同细分市场的需求，提升产品的吸引力和转化率。

（2）平台适配的视觉引擎

在抖音平台上，吸引用户注意力的时间窗口极短，通常需要在3秒内完成。以推广防溅锅具为例，传统的产品摆拍方式难以有效吸引用户关注。借助AI技术，可以生成“普通锅具溅油与防溅锅具效果对比”的动态视频，通过直观的视觉对比迅速抓住用户眼球，提升内容的吸引力和传播效果。

而在小红书平台上，用户更倾向于深度内容和专业解析。针对同一款防溅锅具，AI可以将产品信息自动转化为适合该平台的内容形式，例如，生成“成分党喜爱的详细测评报告”或“专业解析防溅锅具的技术原理与使用效果”的长图文内容。这种形式不仅能够满足用户对深度信息的需求，还能增强内容的可信度和种草效果。

通过AI技术，品牌可以根据不同平台的用户偏好，自动生成适配的内容形式，从而实现更精准的营销传播和更高的用户转化率。

（3）智能化的直播助手

在直播带货场景中，很重视氛围感，一旦冷场就会影响销售效果。为了解决这一难题，AI技术可以在每30秒内根据直播间的实时氛围，自动生成三条互动话术。这些话术不仅能够有效调动观众参与感，还能根据产品特点和用户反馈进行动态调整，确保直播内容的吸引力和互动性。

此外，AI还能够根据直播间的在线人数，自动调整虚拟主播的情绪表现与互动策略。例如：

当在线人数较少时，虚拟主播会以温和、亲切的语气与观众进行深度互动，增强用户黏性；

当在线人数较多时，虚拟主播则会切换为热情、活力的状态，通过更具感染力的表达方式吸引更多观众参与，并推动销售转化。

通过AI技术的赋能，直播带货不仅能够避免冷场，还能根据实时数据优化互动策略，提升用户体验与销售效率。

（4）转化率优化的落地页

在AIDA模型（注意—兴趣—欲望—行动）的指导下，DeepSeek可以帮助品牌高效地将零散的内容资源转化为结构清晰、吸引力强、能够有效促成用户行动的网页，从而提升营销效果和转化率。具体而言，DeepSeek会根据用户行为数据和心理学原理，对页面内容进行智能布局。

- 注意（Attention）：在页面开头部分，AI会自动放置最具吸引力的视觉元素和文案，例如醒目的标题、高质量的图片或视频，以迅速抓住用户的注意力。
- 兴趣（Interest）：在页面中段，AI会通过逻辑清晰的内容结构，逐步展示产品的核心价值、功能优势，以及用户痛点解决方案，从而激发用户的兴趣。
- 欲望（Desire）：通过呈现用户评价、案例展示或限时优惠等信息，AI能够进一步强化用户对产品的购买欲望。
- 行动（Action）：在页面底部，AI会根据用户行为数据，设置最合适的行动召唤按钮（如“立即购买”“免费试用”），并优化按钮的文案、颜色和位置，以最大化转化效果。

通过AI技术的赋能，品牌能够高效构建符合用户心理和行为习惯的落地页，从而显著提升转化率与营销效果。

下面通过一个案例来讲解如何实现从单点突破到全渠道矩阵的电商营销。

案例背景

在推广一款护肝产品时，传统的文案可能仅限于简单的功能描述，例如“保护肝脏，增强代谢”。然而，借助人工智能技术，我们可以对市场进行精准分层，针对不同用户群体的需求提供定制化的宣传内容。例如：针对经常熬夜的人群，可以突出“缓解因工作压力导致的肝脏负担”；针对频繁应酬的人群，可以强调“减少酒精摄入对肝脏的损害”；针对健身爱好者，可以聚焦“促进高强度训练后的肝脏修复与恢复”。

提问：

针对熬夜程序员、商务应酬人群、健身爱好者等人群，对某品牌护肝片生成适合小红书和抖音广告文案各 10 条。另外，生成 10 组抖音短视频分镜脚本，能在前 3 秒吸引用户注意，强调痛点和效果。还需要根据直播间的互动氛围，生成 3 条促单话术。

DeepSeek 回复：

以下是针对熬夜程序员、商务应酬人群、健身爱好者等人群，为某品牌护肝片生成的小红书和抖音广告文案各 10 条，以及 10 组抖音短视频分镜脚本和 3 条直播间促单话术。

1. 小红书广告文案（10 条）

（1）熬夜程序员

标题：熬夜写代码，肝还好吗？

正文：XX 护肝片，专为程序员设计，修复肝损伤，熬夜也能元气满满！ #护肝必备 #程序员养生

标题：代码没写完，肝先垮了？

正文：XX 护肝片，含奶蓟草精华，修复肝细胞，让你每天满血复活！ #熬夜党福音 #护肝片

（2）商务应酬人群

标题：应酬喝酒，肝还好吗？

正文：XX 护肝片，解酒护肝双效合一，应酬无忧！ #应酬必备 #护肝片

标题：喝酒不怕，XX 护肝片来帮你！

正文：快速修复肝损伤，喝酒也能放心！ #护肝解酒 #商务人士必备

（3）健身爱好者

标题：健身护肝两不误！

正文：XX护肝片，修复肝损伤，训练更有状态！ #健身必备 #护肝片

标题：健身达人都在吃的护肝片！

正文：XX护肝片，助力肝脏排毒，健身更高效！ #健身护肝 #护肝片

（4）通用文案

标题：XX护肝片，你的肝脏守护神！

正文：熬夜、应酬、健身，肝负担太重？ XX护肝片，科学配方，轻松修复肝损伤！ #护肝片推荐 #健康生活

……

2.抖音广告文案（10条）

（1）熬夜程序员

文案：熬夜写代码，肝还好吗？ XX护肝片，修复肝损伤，熬夜也能元气满满！ #护肝必备 #程序员养生

文案：代码没写完，肝先垮了？ XX护肝片，修复肝细胞，每天满血复活！ #熬夜党福音 #护肝片

（2）商务应酬人群

文案：应酬喝酒，肝还好吗？ XX护肝片，解酒护肝双效合一，应酬无忧！ #应酬必备 #护肝片

文案：喝酒不怕，XX护肝片来帮你！快速修复肝损伤，喝酒也能放心！ #护肝解酒 #商务人士必备

（3）健身爱好者

文案：健身护肝两不误！ XX护肝片，修复肝损伤，训练更有状态！ #健身必备 #护肝片

文案：健身达人都在吃的护肝片！ XX护肝片，助力肝脏排毒，健身更高效！ #健身护肝 #护肝片

（4）通用文案

文案：XX护肝片，你的肝脏守护神！熬夜、应酬、健身，肝

负担太重？ XX 护肝片，科学配方，轻松修复肝损伤！ #护肝片推荐 #健康生活

……

3. 抖音短视频分镜脚本（10 组）

脚本 1：熬夜程序员痛点

前 3 秒：程序员熬夜写代码，黑眼圈严重，表情疲惫。

文案：熬夜写代码，肝还好吗?

后续：展示XX 护肝片，程序员服用后精神焕发。

脚本 2：商务应酬痛点

前 3 秒：商务人士在酒桌上喝酒，表情痛苦。

文案：应酬喝酒，肝还好吗?

后续：展示XX 护肝片，商务人士服用后轻松应对应酬。

脚本 3：健身爱好者痛点

前 3 秒：健身爱好者高强度训练后，表情疲惫。

文案：健身后的肝，也需要修复！

后续：展示XX 护肝片，健身爱好者服用后恢复更快。

……

4. 直播间促单话术（3 条）

话术：熬夜、应酬、健身，肝负担太重？ XX 护肝片，科学配方，修复肝损伤！ 现在下单，立享 8 折优惠！

话术：肝不好，整个人都不好了！ XX 护肝片，修复肝损伤，每天元气满满！ 限时特价，买二送一！

话术：XX 护肝片，你的肝脏守护神！ 现在下单，享专属优惠，数量有限，先到先得！

可以发现，DeepSeek 通过精准用户分层、多平台内容适配、实时互动话术生成、智能素材整合及数据驱动优化，能够帮助品牌高效生成定制化营销内容。

3. 打造数据驱动的持续增长引擎

在内容创作领域，优质决策的制定离不开全面且精准的数据支撑。本章将探讨如何借助DeepSeek等AI工具，构建一套科学、高效的数据决策体系。通过数据驱动的分析与优化，创作者能够更准确地把握用户需求、市场趋势及内容表现，从而提升内容质量与传播效果。下面将详细阐述如何实现这一目标。

（1）建立全域数据监控，让每个决策都有理可依

在内容创作中，最令人困扰的莫过于“决策靠感觉”。如何让每个决策都有数据支撑？如何确保投入产出比最大化？这正是DeepSeek要解决的核心问题。

想象一下，你正在经营一家线上服装店。传统做法是凭经验判断，觉得“年轻女性应该喜欢这款”就大量备货。但有了DeepSeek的数据监控，你可能会发现意想不到的真相。

通过DeepSeek可以很轻易的生成“用户行为图谱”，我们可以实现跨平台数据整合分析。

例：某知名服饰品牌通过DeepSeek的人群画像分析发现，其大码女装的主要购买者竟是18～24岁的年轻男性。经过深入分析后发现，这些男性大多在为母亲或女友购物。因此，品牌及时调整了营销策略，专门策划了“送给重要的她”主题活动，销量提升了40%。

例：某国货美妆品牌使用提示词“分析近30天卸妆油产品的用户搜索词云和购买转化漏斗，找出未满足的需求”进行产品分析。DeepSeek生成报告显示北方地区冬季搜索量激增83%，但库存满足率仅65%。品牌立即调整区域备货策略，并推出“冬季滋养型”限定包装，区域销量环比增长230%。

通过全域数据监控，我们不仅能看到表面的数据，更能洞察背后的规律，让每个决策都建立在坚实的数据基础之上。

（2）内容优胜劣汰，让流量产生最大价值

在电商营销中，最大的挑战是如何提高广告素材的转化率。很多优质内容可能因为投放时机、表现形式等问题而被埋没，这是每个内容创

作者都要解决的问题。

在信息过载的时代，优质内容的生命周期往往短暂。然而，通过基于DeepSeek构建的实时竞争力分析系统，我们可以实现以下目标。

- 实时监测内容表现：每小时更新CTR等关键数据，精准掌握内容动态。
- 智能优化资源配置：自动识别并淘汰表现不佳的内容，集中资源推广优质素材。
- 延长爆款生命周期：通过数据驱动的持续优化，提升爆款内容的传播效果与生命周期。

通过DeepSeek的“内容基因解码”功能，可以深度分析内容的表现规律与用户偏好，为创作与优化提供科学依据。

例如，在知识付费领域，通过分析历史爆款课程的标题结构、知识点分布及互动热力图，AI能提炼出核心爆款元素，指导新课程制作，显著提升用户完课率；在在线教育领域，基于直播间实时弹幕的情感分析，AI能自动生成互动话题推荐。当用户停留时长下降时，AI会推送“抽奖福袋+知识点测试”等组合策略，可有效提升用户观看时长与转化率。

借助DeepSeek的内容基因解码功能，我们能够精准把握内容效果，实现资源的最优配置，最大化内容创作的价值与影响力。

（3）用户反馈转化为产品进化动力

用户反馈是产品优化与迭代的重要依据，然而，如何从海量反馈中提取有价值的信息，并确保改进方向的准确性，是许多品牌面临的挑战。

DeepSeek通过以下功能，能够帮助品牌高效利用用户反馈。

- 自动收集与分析：从用户评论中提取关键词与情感倾向，识别高频问题与核心需求。
- 生成改进建议：基于数据分析，提供可执行的产品优化方案，指导迭代方向。
- 效果追踪：实时监测改进后的用户反馈，评估优化效果，确保迭代策略的有效性。

例：某手机配件制造商通过DeepSeek分析用户评论，发现“按键不灵敏”是普遍问题。AI 系统自动提取这一痛点，并结合人体工程学提出了“凸点定位”设计方案。改版后，用户满意度提升 85%，差评率下降 60%。

例：某智能家电品牌使用提示词“分析各电商平台中差评数据，按产品模块归类改进优先级”对产品评价进行分析，识别出“净水器换芯提醒不及时”是核心痛点，自动生成“智能提醒+上门服务”解决方案，使复购率从 15%跃升至 42%。

通过 DeepSeek 的智能分析，我们能够将散落的用户声音转化为清晰的产品优化方向，实现用户价值与品牌发展的双赢。

（4）找准流量价值窗口期

在注意力经济时代，精准的内容投放是获取最大增长的关键。然而，传统的投放方式多依赖经验主义，难以实现高效触达。通过数据分析，DeepSeek 揭示了一个重要规律，即优质流量并不局限于黄金时段。这个规律可以帮助品牌优化投放策略。

例：某家居品牌原本主要在晚上 8—10 点进行流量投放。单使用 DeepSeek 分析后发现，凌晨 5—7 点的中老年用户群体，不仅转化率高，而且获客成本仅为晚高峰期的 1/4。于是调整了投放策略，之后整体的 ROI 提升了 3 倍。

例：本地生活服务平台使用提示词“解析商圈餐饮类内容传播规律，找出最佳推广时段”进行分析，发现周末上午 10—11 点“brunch”相关内容分享量是平日的 5 倍，调整内容发布时间后，套餐核销率从 41%提升至 78%。

通过 DeepSeek 的智能分析，我们能够精准把握用户活跃规律，实现内容投放的最优化，让每一分投入都能创造最大价值。

DeepSeek 正在改变电商的运营方式。当传统商家还在靠人工摸索爆款时，DeepSeek 已经能够自动完成从发现用户需求到优化产品的全过程。未来电商竞争的关键在于谁能让数据形成完整的闭环——谁能把消费者与商品的互动变成优化产品的依据，谁就能获得持续增长的流量优势。

3.3 DeepSeek赋能本地生活

在数字化营销时代，品牌正面临一个现实问题：传统的线下营销方式越来越难见效。高昂的获客成本、低转化率和千篇一律的营销内容，让许多品牌陷入困境。但随着AI技术的快速发展，DeepSeek为线下营销带来了全新解决方案，帮助品牌从“广撒网”的粗放模式，转向精准化、数据驱动的智能营销模式，让每一分投入都更有价值。

3.3.1 用DeepSeek重构线下营销

近年来，线下经济面临诸多挑战。传统营销手段效率下降，品牌同质化严重，成本不断攀升，决策也缺乏数据支持，导致市场表现不佳。与此同时，AI技术的快速发展为营销领域带来了新的突破。

线下品牌普遍存在三大痛点：一是创意同质化，节日营销缺乏新意；二是成本高企，地推活动投入产出比低；三是决策依赖经验，快闪店等活动的选址和运营缺乏数据支撑。这些问题不仅限制了品牌增长，也影响了消费体验。

随着AI技术的成熟，尤其是DeepSeek的应用，这些问题有了新的解决方案。DeepSeek通过“天时–地利–人和”的决策逻辑，帮助品牌从粗放式营销转向精准化运营。它能快速分析市场趋势和消费者行为，基于实时数据生成个性化策略，显著提升营销效率和效果。

在实际应用中，DeepSeek已经帮助多个品牌实现了营销模式的创新和突破。无论是通过精准的市场定位和产品设计，还是通过创新的活动策划和用户互动，DeepSeek都展现出了其在提升品牌竞争力方面的巨大潜力。

通过对近一年100多家线下品牌的调研，发现其线下营销普遍面临三大核心问题。

- 创意同质化：品牌在节日营销中多采用相似策略，导致差异化不足。例如，部分茶饮品牌在元宵节期间主推汤圆奶茶，活动形式与竞品高度雷同，难以形成独特吸引力。

- 成本高企：传统地推活动的投入产出比普遍较低。某社区团购平台的数据显示，地推活动的转化率仅为 1%，营销成本与收益严重失衡。
- 决策缺乏数据支持：快闪店等线下活动的选址与运营多依赖经验判断，缺乏精准数据支撑。例如，某美妆品牌在商圈投入 30 万元开设快闪店，但因未充分了解周边客群画像，最终营收未达预期。

针对这些问题，DeepSeek通过AI技术构建的“天时—地利—人和”决策逻辑，为品牌提供了精准化营销解决方案。以下案例将进一步展示其实际应用与效果。

案例 1

上海某日式甜品店在元宵节期间面临竞争激烈、客流不足的问题。通过DeepSeek分析，发现以下关键信息。

竞争环境：周边 3 家竞品均主打传统汤圆，缺乏差异化。

用户画像：该区域 40% 为日籍居民，对日式文化接受度高。

实时数据：当日气温为 8 摄氏度，用户对温暖饮品的需求较高。

基于以上洞察，DeepSeek设计了“和风元宵祭”主题活动，包括：推出“抹茶汤圆拿铁”，满足用户对温暖饮品的需求；设置“达摩灯笼打卡点”，吸引用户拍照分享，带动抖音传播。

活动效果：日均营收达到平日的 3.3 倍，并收获 50 万+抖音自然流量。

案例 2

某个生鲜团购App，在拓展老年用户群体时，面临获客成本高、转化率低的问题。想借助DeepSeek进行分析，以扭转不利局面。

DeepSeek通过数据分析，提出了以下策略。

时间与地点：选择清晨 6:30 在垃圾投放点设摊，这是老年人集中出现的时段与地点。

活动设计：采用“免费生姜+手机教学”组合方式，既满足老年人实际需求，又培养其使用习惯。

活动效果：实施后，获客成本降至行业平均水平的1/3，老年用户复购率达到73%。

通过这些案例可以看出，DeepSeek的价值并不是取代营销人员，而是帮助他们更好地理解用户行为、预测活动效果，并优化资源配置。有了DeepSeek的支持，营销人员可以更专注于开发创意和提升用户体验，真正实现精准营销。正如我们常说的："用数据做决策，用创意打动人。"

3.3.2 用DeepSeek寻找差异化突破点

在竞争激烈的市场环境中，中小品牌如何在大品牌的夹缝中生存？DeepSeek通过数据驱动与创新策略，为实体店提供了差异化竞争的解决方案。以下是两个典型案例，展示了AI如何帮助品牌绕过传统思维，实现突围。

案例背景

社区咖啡店的差异化竞争。小林经营一家社区咖啡店，面临星巴克与瑞幸的价格战压力。他想通过DeepSeek分析自己的品牌与这两个品牌的差异，于是他输入了一些关键信息。

提问：

竞争环境：星巴克推出买一送一活动，瑞幸降价至9.9元。

自身优势：现磨咖啡、手工制作与社区根基。

目标：保持高毛利，提升品牌力。

请根据上述已知条件分析我的咖啡品牌的优势。

DeepSeek回复：

根据您提供的已知条件，您的咖啡品牌在竞争环境中具备以下优势：

1. 产品差异化优势

现磨咖啡：与连锁品牌的标准化产品相比，现磨咖啡更能体现新鲜度与品质感，满足消费者对高品质咖啡的需求。

手工制作：手工咖啡具有独特性和个性化，能够吸引注重体验与品味的消费者，与连锁品牌的工业化生产形成鲜明对比。

2. 社区根基优势

本地化连接：作为社区咖啡店，您更容易与周边居民建立情感连接，培养忠实客户群体。

灵活运营：相比大型连锁品牌，社区店可以更快速地响应本地消费者的需求，提供定制化服务或活动。

3. 品牌定位优势

高毛利潜力：通过强调现磨、手工等高品质属性，您的品牌可以避免卷入价格战，维持较高的毛利率。

品牌力提升空间：通过社区活动、会员计划等方式，您可以进一步强化品牌形象，打造独特的社区文化标签。

4. 竞争策略建议

避开价格战：利用现磨与手工的优势，推出高附加值服务（如手冲体验、咖啡教学），将消费行为从“低价购买”升级为“体验消费”。

强化社区属性：举办社区活动（如咖啡品鉴会、环保主题日），增强用户黏性，提升品牌忠诚度。

突出差异化：通过社交媒体传播手工咖啡的制作过程、社区故事等内容，塑造独特的品牌形象。

总结

您的咖啡品牌在现磨、手工与社区根基方面具有显著优势，能够与连锁品牌形成差异化竞争。通过聚焦高品质体验与社区连接，您可以避开价格战，提升品牌力与盈利能力。

从上面的回复中可以看出，DeepSeek建议避开价格战，转而举办社区活动，增设手工制作过程，提升用户体验的服务。

活动效果：当天营收增长 23%，抖音视频播放量超 10 万，同时开创了社区咖啡店的新商业模式。

案例背景

母婴店的“专业价值”突围。某母婴店面对本地大品牌“孩子王”的5折促销活动，通过DeepSeek设计了“育儿专家选品课”策略。

竞争环境：大品牌低价促销，价格战激烈。

自身优势：专业选品与育儿知识储备。

目标：以专业价值替代低价竞争。

提问：

如何避开“孩子王”5折价格战？基于专业选品与育儿知识，设计差异化策略（如育儿专家选品课），以专业价值吸引用户，提升品牌忠诚度与转化率。

DeepSeek回复：

避开“孩子王”5折价格战，差异化策略设计

核心思路：以专业价值替代低价竞争，通过“育儿专家选品课”等差异化策略，吸引注重品质与服务的用户，提升品牌忠诚度与转化率。

具体策略如下。

1. 打造“育儿专家选品课”IP，强化专业形象

（1）内容设计

分龄选品指南：针对不同年龄段宝宝需求，邀请育儿专家推荐优质产品，并讲解选购要点。

主题专场：如“新生儿必备清单”、“辅食添加全攻略”和“宝宝睡眠好物推荐”等，解决用户具体的育儿难题。

专家直播互动：定期邀请育儿专家直播，解答用户疑问，分享育儿经验，增强互动性和信任感。

（2）形式创新

线上线下结合：线上通过公众号、短视频等平台传播，线下在门店举办沙龙活动，提升用户体验。

会员专属福利：为会员提供专家一对一咨询、专属折扣等福

利，增强用户黏性。

2. 深化专业选品，打造差异化产品矩阵

精选优质品牌：与“孩子王”形成差异化，引进更多高品质、高性价比的母婴品牌，满足用户多元化需求。

开发自有品牌：根据用户需求，开发具有独特卖点的自有品牌产品，提升利润空间和品牌竞争力。

定制化服务：提供个性化产品定制服务，如宝宝名字刻印、专属礼盒包装等，提升产品附加值。

3. 构建育儿知识社群，提升用户黏性

搭建线上社群：通过微信群、小程序等平台，搭建育儿知识分享社群，方便用户交流互动。

举办线下活动：定期举办育儿讲座、亲子活动等，增强用户参与感和品牌认同感。

培养KOL用户：鼓励用户分享育儿经验，培养忠实用户成为品牌KOL，进行口碑传播。

4. 优化服务体验，提升品牌忠诚度

专业导购服务：培训专业导购团队，为用户提供专业的选品建议和育儿咨询。

便捷购物体验：优化线上线下购物流程，提供便捷的配送和售后服务。

会员积分体系：建立会员积分体系，鼓励用户消费和互动，提升用户忠诚度。

预期效果：

提升品牌知名度和美誉度，吸引注重品质与服务的用户群体。

增强用户黏性和忠诚度，提高用户复购率和客单价。

打造差异化竞争优势，在激烈的市场竞争中脱颖而出。

注意事项：

持续输出优质内容，保持用户关注度。

注重用户体验，不断提升服务质量。

> 根据市场反馈，及时调整策略。
>
> 通过以上差异化策略，可以有效避开“孩子王”5 折价格战，以专业价值吸引用户，提升品牌忠诚度与转化率。

DeepSeek建议将营销重点从“低价”转向“专业”：邀请育儿专家举办选品课，提供专业建议；将导购升级为育儿顾问，增强用户信任感。这一策略不仅避免了价格战，还提升了品牌的专业形象与用户忠诚度。

成功的营销不在于价格竞争，而在于价值创造。DeepSeek通过数据驱动与创新思维，帮助品牌找到差异化竞争路径，实现可持续增长。

让DeepSeek为我们找到专属竞争策略的方法也很简单。首先，设置竞争场景背景信息；其次，输入我们的差异化资源；然后，让DeepSeek基于这些资源设计组合；最后，测试并迭代优化。

3.3.3 用DeepSeek进行外卖平台优化

外卖平台已成为餐饮商家的重要经营阵地。然而，随着越来越多的商家入驻美团、饿了么等平台，行业竞争日益激烈。商家面临诸多挑战：如何在短时间内吸引顾客下单？如何提升客单价？如何优化用户体验并提高复购率？

过去，由于外卖平台的数据展示复杂且难以解读，许多商家只能依靠经验尝试调整策略，例如，修改菜单或推出促销活动。这种方式缺乏科学依据，效果难以预测，导致商家难以系统性地提升业绩。

如今，人工智能技术的应用为精准数据分析和策略优化提供了可能。以DeepSeek为代表的智能工具，能够帮助商家深度挖掘用户需求、优化菜品设计、提升服务质量并实现精准营销。通过这些方法，商家不仅可以显著提高运营效率，还能在激烈的市场竞争中建立优势，实现可持续增长。下面内容将从菜品命名、组合策略、用户互动到数据分析等多个维度，详细展示如何借助DeepSeek全方位优化外卖业务。

1. DeepSeek 优化菜品名称

有时候，一个优秀的菜品名称会像微型故事一样，能在瞬间激发顾客下单的欲望。根据美团内部数据研究，95%的用户在浏览商家菜单时，只会查看前三页的内容。这意味着，商家必须在极短的时间内完成从吸引顾客到促成转化的全过程。

那么，如何在短时间内通过菜品名称打动用户呢？通过对大量数据进行分析，我们总结出了一个简单的公式：

痛点词+场景词+情绪词=黄金菜品名

例如，一家深夜食堂将普通的“养生粥”改名为“熬夜救星 暖胃粥”，点击转化率提升了80%。这一名称精准捕捉了目标顾客的痛点（熬夜），明确了使用场景（深夜），并引发了情绪共鸣（救星）。

借助DeepSeek的AI能力，商家可以快速生成优质的菜品名称。只需输入模板：“请根据【菜品类型】+【主要食材】+【用餐场景】，生成20个符合‘痛点词+场景词+情绪词’公式的菜品名称”，系统即可生成多组备选名称。

例如，某烧烤店将普通的“烤牛肉串”改为“夜场续命能量弹 牛肉串”，这一名称结合了痛点（续命）、场景（夜场）和情绪共鸣（能量弹般的补充），最终使点单率提升了一倍以上。

需要注意的是，在使用这一方法时，应避免使用“最好吃的”“第一名”等极限词，以免触发平台审核机制。

2. DeepSeek 赋能菜品营销

一个好的菜品名称能够吸引顾客的目光，而有效的宣传则能促成顾客的下单行为。借助DeepSeek的AI能力，外卖商家可以从多个维度优化菜品营销策略，提升转化率和用户满意度。

通过DeepSeek智能生成菜品名称后，还可以优化菜品描述、精准推荐套餐组合、生成个性化营销文案。

（1）优化菜品描述

DeepSeek能够帮助商家生成简洁有力的菜品描述，通过精准的语言突出食材特点、口味优势和食用场景，从而吸引顾客下单。例如，将普通的“牛肉串”描述为“精选优质牛肉，炭火烤制，外焦里嫩，搭配秘制酱料，夜场必备能量补充”，不仅展现了食材的高品质和烹饪工艺，还强调了食用场景和功能价值，让顾客在浏览时产生强烈的购买欲望。

此外，DeepSeek还可以根据用户画像和消费习惯，生成个性化的菜品描述。例如，针对健康饮食爱好者，可以将“牛肉串”描述为“低脂高蛋白，适合健身人群的能量补充选择”。通过这种方式，商家能够更好地满足不同顾客的需求，提升菜品吸引力和下单转化率。

（2）精准推荐套餐组合

通过分析用户订单数据，DeepSeek能够识别出高频搭配和热门组合，从而推荐高转化率的套餐。例如，将“牛肉串”与“冰镇啤酒”组合，命名为“夜场能量套餐”，不仅契合了夜场消费者的需求，还能通过场景化的命名提升吸引力。这种组合不仅提高了客单价，还增强了用户的用餐体验感和满意度。

此外，DeepSeek还可以根据季节、时段或促销活动，动态调整套餐内容。例如，夏季推荐“清凉解暑套餐”，冬季推出“暖心暖胃套餐”，让套餐设计更贴合用户的实际需求。通过数据驱动的套餐优化，商家能够显著提升订单量和用户忠诚度，实现业绩的持续增长。

（3）生成个性化营销文案

DeepSeek能够根据用户画像和消费习惯，生成个性化的促销文案，精准触达目标顾客。例如，针对夜场用户推送“深夜加班必备，能量套餐限时8折”的优惠信息，既能满足用户的实际需求，又能通过限时折扣激发用户的购买欲望。

此外，DeepSeek还可以根据不同用户群体的偏好，定制差异化的促销内容。例如，针对健身爱好者推送“低脂高蛋白套餐，助力你的健身目标”，针对家庭用户推荐“周末家庭聚餐，超值套餐限时特惠”。通过精准的文案设计和定向推送，商家能够有效提高促销活动的转化率，同时增强用户的品牌认同感和忠诚度。这种数据驱动的个性化营销策略，能够帮助商家在竞争激烈的市场中脱颖而出。

3. DeepSeek 提升外卖客单价

在外卖行业，客单价直接关系到店铺的利润。客单价高的店铺不仅赚得多，还能让平台拿到更多佣金，自然更容易获得平台的推荐和曝光。但在竞争激烈的环境下，直接涨价显然行不通。那么，如何让顾客多买几样东西，实现“1+1>2”的效果，就成了提升客单价的关键。

举个例子，长沙的××哥炸串店，原本一天只能卖50单左右。老板用DeepSeek分析了美团后台的2000单历史数据，发现了一个有趣的现象："臭豆腐+柠檬茶”这个看起来不搭的组合，居然有31%的顾客会选择一起买。于是，老板推出了这个“怪味套餐”，结果日销量一下子涨到了150单。

这个例子说明，DeepSeek数据分析能帮我们找到意想不到的爆款组合。比如“酸辣粉配冰淇淋”，虽然听起来有点奇怪，但“辣+解辣”的口味搭配其实很合理，而且这种反常识的组合还能激发顾客的好奇心，甚至引发分享和传播。通过DeepSeek，商家可以从数据中发现这些隐藏的黄金组合，既能提高客单价，又能增加销量。

如果想通过自媒体对这个套餐实现推广，可以借助DeepSeek，例如，在小红书上大量种草和传播。通过DeepSeek，可以生成这款套餐在小红书上的宣传文案。

提问：

为“臭豆腐+手打柠檬茶”套餐创作3条小红书文案，要求包含反差感、地域特色、价格锚点，从而能够提升该套餐的客单价。

DeepSeek回复：

小红书文案示例：

“长沙夜市的神仙CP！臭豆腐+手打柠檬茶，又辣又爽，一口上头！只要19.9元，姐妹们冲！ #长沙美食 #夜市必吃”

（突出地域特色和反差感，价格锚点明确，吸引用户下单）

“臭豆腐配柠檬茶？听起来怪，吃起来绝了！长沙限定套餐，19.9元解锁双倍快乐！ #长沙探店 #美食打卡”

（强调反差感和地域特色，价格锚点吸引人，激发用户好奇心）

"臭豆腐的香辣，柠檬茶的清爽，这对CP我磕了！长沙夜市爆款套餐，19.9元就能尝到！ #长沙必吃 #美食推荐"

（用反差感和地域特色制造话题，价格锚点清晰，提升购买欲望）

文案特点：

反差感：通过"臭豆腐+柠檬茶"的奇怪组合吸引注意力，制造话题性。

地域特色：强调"长沙""夜市"等地域元素，增加亲切感和认同感。

价格锚点：明确标注"19.9元"，突出性价比，降低用户决策门槛。

提升客单价的策略：

套餐设计：将"臭豆腐+手打柠檬茶"组合成套餐，提供优惠价格（如19.9元），吸引用户一次性购买更多商品。

限时优惠：通过"限时特价""限量供应"等促销手段，制造紧迫感，促使用户快速下单。

场景化描述：通过"夜市""夜场"等场景化语言，激发用户的消费欲望。

如果需要更多文案或调整风格，可以告诉我！

可以发现，DeepSeek通过数据分析、智能推荐和动态定价，能够帮助商家有效提升客单价。无论是优化套餐组合、设计菜单，还是制定定价策略，DeepSeek都能提供科学依据和实用建议，助力商家实现业绩增长。

4. DeepSeek 回复顾客评价

外卖评论区是餐饮商家与顾客互动的重要阵地，也是提升品牌形象的关键部分。DeepSeek能够帮助商家高效管理评论区，节省时间和精力，同时提升用户满意度。

在餐饮外卖运营中，每一条评论都是与用户建立连接的机会，而负面评论更能考验运营能力。例如，某个炸鸡店收到了一条差评："餐里有塑料片，简直不能吃！”

传统做法可能是简单道歉，但店主利用DeepSeek生成了一段幽默且真诚的回复：“亲爱的顾客，感谢您的反馈！经过彻查，我们发现是包装封口机出了问题，现已修复并启动三重质检机制。为表歉意，我们将为您全额退款，并赠送58元优惠券。同时，我们诚挚邀请您担任‘品质监理员’，下次下单时可查看订单的全程制作视频。重庆人最重诚信，您的满意是我们的追求！”

这条回复不仅获得了大量点赞，还赢得了顾客的好评：“老板的诚意和文采让人感动！”相比之下，许多商家采用千篇一律的“复制粘贴”式回复，不仅让顾客感到敷衍，也无法真正解决问题。

从这个案例可以看出，DeepSeek在辅助评论回复时具备以下关键能力。

- 共情力：理解用户情绪，用温暖的语言化解不满。
- 解决力：提供具体的补偿方案，让承诺落到实处。
- 转化力：巧妙引导用户进入私域，将危机转化为长期价值。

在使用DeepSeek构建回复系统时，建议根据不同场景灵活调整AI的情感模式。

- 下单前咨询：采用专业模式，提供准确信息。
- 美食点评：采用幽默模式，增强互动性。
- 危机处理：采用谦卑模式，体现诚意。

在外卖评论区，DeepSeek能够帮助商家高效处理各类评价，提升用户满意度。生成评价回复的指令非常简单，例如可以使用提示语：“请根据顾客评价内容生成一段高共情力、带有解决方案，并能有效引导顾客进入私域的回复，使用幽默模式。”

以下是几个常见场景的案例，展示了如何利用DeepSeek生成高情商的回复。

案例1：食物口味争议

差评：“酸辣粉辣得根本吃不下去！舌头都麻了！”

回复：“亲爱的顾客，感谢您的反馈！我们的酸辣粉可能过于热情了。已为您准备‘温和版’配方，下次下单备注‘微辣’，我们将为您调整辣度。

同时附赠一张冰镇酸梅汤券，希望能为您解辣。期待您的再次光临！"

案例2：配送延迟

差评："等了一个半小时才送到，面都坨成饼了！"

回复："尊敬的顾客，非常抱歉让您久等了！由于配送延迟影响了您的用餐体验，我们深感歉意。请私信我们，我们将为您提供一张免费拉面券，希望下次能为您提供更好的服务。"

案例3：包装破损

差评："汤洒得满袋都是！这是外卖还是泼墨艺术？"

回复："亲爱的顾客，非常抱歉给您带来了不便！我们已升级包装系统，确保下次配送'滴水不漏'。请私信我们领取一张免费套餐券，期待您的再次体验！"

案例4：分量不足

差评："28元的卤肉饭肉量少得可怜！塞牙缝都不够！"

回复："尊敬的顾客，感谢您的反馈！我们已调整卤肉饭的分量标准，并为您准备了一张'加量版卤肉饭'券，下次下单时可免费升级。同时附赠两颗秘制卤蛋，希望能弥补您的不愉快体验。"

案例5：服务态度

差评："打电话催单被凶，花钱买气受！"

回复："亲爱的顾客，非常抱歉给您带来了不愉快的体验！我们已对相关员工进行培训，确保服务态度更加友善。请私信我们领取一张甜品券，感谢您的理解与支持！"

通过DeepSeek生成的高情商回复，商家不仅能够快速安抚顾客情绪，还能将负面评价转化为提升服务的机会。通过这种方式，商家可以在众多竞争者中脱颖而出，同时提升品牌形象和用户忠诚度。

5. DeepSeek实现外卖单量增长

在外卖经营中，许多商家面临一个共同困境：明明投入了大量推广费用，折扣促销活动也做了不少，但单量和利润却不见增长。然而借助DeepSeek这一AI工具，商家可以实现精准的数据洞察，从而突破困境。

DeepSeek在外卖运营中的核心能力包括以下三个方面。

（1）多维度关联分析

DeepSeek不仅提供销量统计，还能结合天气、节日、竞品活动等多种因素进行综合分析，帮助商家识别真正的增长机会。例如，通过分析天气变化对订单量的影响，商家可以提前调整备货和促销策略。

（2）智能策略生成

DeepSeek能够自动生成提升客单价的精准方案，并预测促销活动的盈亏平衡点，避免“盲目促销”带来的损失。例如，根据历史数据，DeepSeek推荐最优折扣力度和套餐组合，确保促销活动的效果最大化。

（3）AI经营参谋

DeepSeek不仅是数据分析工具，更是商家的“AI经营参谋”。它能够帮助商家在竞争中抢占先机，将经验直觉转化为可验证的策略，实现精准增长而非盲目补贴。

案例背景

北京某快餐连锁店出现“午餐高峰”难题，该连锁店通过DeepSeek分析了美团外卖后台的近15天订单数据，最终找到了解决方案。

提问：

解析本店近15天午间订单的时段衰减曲线，基于CBD区域的用户数据特征生成错峰供给方案，要求包含套餐组合策略和红包促销方案。

DeepSeek回复：

11:30—12:30订单集中度达73%，导致出餐延迟。

12:15—13:00平均配送时长增加9分钟，可能因骑手资源紧张。

基于分析结果，DeepSeek生成三个解决方案。

A方案：10:45上线20份“限量早鸟套餐”（折扣+赠饮），鼓励提前下单。

B方案：12:30开始提升起送价5元，减少订单延迟率，同时提升客单价。

C方案：13:00后恢复起送价。

落地效果：

午间高峰订单分布从73%降至58%。

订单延迟率下降45%。

骑手单均配送时长缩短4分钟，人效提升30%。

DeepSeek通过精准分析外卖订单分布和配送问题，提出了有效的解决方案，成功降低了订单集中度，减少了订单延迟，并提升了骑手配送效率，从而实现了外卖单量的增长。其策略不仅优化了顾客体验，还提高了运营效率，有效推动了外卖业务的增长。

6. DeepSeek 批量分析用户反馈

DeepSeek不仅能够分析订单数据，还可以高效处理大批量用户评价信息，帮助商家识别问题并制定改进策略。例如，杭州一家轻食外卖店利用DeepSeek优化用户评价，该门店导入近15天的用户评价数据，并输入提示词：对最近500条3星以下评价进行情感分析，提取产品、配送、包装的痛点图谱，生成改进方案并设计3组挽回话术。

DeepSeek分析发现62%的差评指向酱料渗漏问题。基于分析结果，DeepSeek生成以下改进方案。

设备升级：购买酱料自动封装机，单均成本增加0.8元。

产品优化：推出“多种酱料独立封装及点购”选项。

话术模板：生成差评即时响应话术，提升顾客满意度。

执行效果：包装相关差评下降83%，复购率提升19%，客单价因酱料加购提升3.6元。

在外卖这一实时竞争的领域，真正的竞争优势并非拥有数据，而是将数据转化为行动方案的能力。DeepSeek通过多维度数据分析、智能策略生成和AI经营参谋功能，帮助商家在外卖运营中实现精准决策和高效增长。无论是优化订单分布、提升客单价，还是降低运营成本，DeepSeek都能提供科学依据和实用建议，助力商家在竞争中脱颖而出。

第4章 私域内容生产：打造高转化内容体系

在自媒体领域，很多创作者和运营者都在寻找既能赚钱又可持续的方法。从传统的广告投放到精细化的私域流量运营，方法很多，但真正能带来高收益的成功案例却很少。随着DeepSeek等AI工具的广泛应用，私域运营的效率和效果得到了极大提升。本章将详细讲解如何利用DeepSeek打造一个高效的私域内容体系，实现流量变现，形成一个完整的变现闭环。

4.1 私域流量运营底层逻辑

4.1.1 经验分享：从0到300家门店的裂变

我在餐饮行业摸爬滚打15年，其中最自豪的经历莫过于在2015—2018年，这期间我设计了一套私域营销体系，使得我的外卖连锁品牌“至味优粮”几乎零成本开出300家加盟店。若当时能借助DeepSeek等AI工具，其成效或许能呈指数级增长。

回顾2015年初，北京正值寒冬，我穿梭于双井商圈，逐一拜访餐厅，推广外卖合作项目。彼时，美团和饿了么尚未崛起，我已在国贸地区通过微信销售渠道开设了一家年营业额达400万元、净利润达100万元的外卖店，并计划将此模式复制至北京其他商圈。

然而，推广过程充满挑战。在第 19 次被餐厅老板误认为骗子并拒之门外后，我深刻意识到在错误场景中寻找目标人群的无效性，如同在沙漠中捕捞金枪鱼。当时，餐饮行业对新兴技术的认知存在显著断层。当我展示微信外卖订单时，一位老板惊讶地质疑其真实性，甚至有人误将微信与QQ混淆，反映出行业对新技术的陌生与抵触。

经过对北京 12 个商圈的全面考察，初期推广并未取得预期成果。转机出现在我向微信公众号“餐饮O2O”投稿后。我撰写的《外卖生死局：从月亏 20 万到日赚过万的外卖炼狱通关手册》一文，虽阅读量不高，但吸引了 12 位微信用户主动联系。其中，北京上地商圈的高老板在深夜发来长语音，表达了对合作模式的兴趣。一个月后，他的店铺日均订单突破 400 单，成为行业内成功的典范。

在初步积累 200 多位对外卖业务感兴趣的潜在客户后，我启动了第二阶段的运营策略：通过微信群开展线上课程分享。首期《外卖掘金术》免费公开课的海报经过精心策划，主标题采用恐惧诉求，强调传统餐馆面临的利润压力，如“你的餐馆正在被房租和人工抽干利润，速速开启外卖新战场！”。同时，行动指令结合社交裂变，通过“转发海报解锁听课资格！”的设计，鼓励用户主动传播。

课程开始后，微信群迅速吸引了 227 人参与。为提升课程效果，我提前准备了三个关键钩子：开场分享“北京某店日订单截图”，以真实数据吸引用户注意力；课程接近尾声时，发布带有个人二维码的“外卖爆单”准备工作流程图，为用户提供实用价值；课程结束时，发布“区域合伙人意向申请表”，及时收集潜在客户信息。

这一机制有效推动了社群的快速裂变，30 天内衍生出 11 个近 500 人的分群。在随后的 18 个月内，我的微信好友中积累了约 3 万名精准的餐饮行业从业者。

然而，好友数量的增长并不等同于客户转化。在微信生态中，直接与刚建立联系的潜在客户谈生意并不妥当。基于一位行业前辈的指导——“成交是信任的累积，信任累积到位了，不用你推销也会有人主动买单”，我在微信好友突破 2000 人后，开始系统化打造“朋友圈信任飞轮”，通过持续输出有价值的内容和互动，逐步建立并深化与潜在客户之间的信任关系。

在私域运营中，我规划了以下三类朋友圈内容，每天至少发布 5 条，以系统化地建立信任并吸引潜在客户。

- 数据展示：发布如“中关村昨日战报：632 单/客单价 31 元”的内容，并配以打印小票单据的图片，通过真实数据激发潜在客户的兴趣。
- 过程记录：分享如“凌晨 1 点的后厨：我独自调整测试新品麻辣烫的酱料”的内容，通过细节呈现品牌的真实性和专业性，进一步构建信任。
- 冲突叙事：讲述如“顾客投诉餐盒漏洒，我带着双倍赔偿金上门道歉——结果反被推荐给物业招商部”的故事，通过反差情节塑造有温度的品牌形象。

当潜在合作商持续接触到这些内容后，对招商信息的接受度显著提升。一位南京的老板曾表示：看你朋友圈半年，比考察十家品牌都踏实。

从 2015 年到 2018 年，通过私域裂变和转化机制，我的品牌成功扩展至 300 家门店，年营业额突破 2 亿元。当同行仍在依赖百度广告竞价时，我已构建了一套能够自我裂变、高效转化的私域营销系统。这一经历表明，私域营销的核心在于在正确的场景中，以正确的内容触达正确的人群，从而实现自然且高效的转化。

这段经历不仅验证了私域营销体系的有效性，也凸显了在正确场景与目标人群沟通的重要性。如今，随着 AI 技术的进步，如 DeepSeek 等工具的引入，有望进一步提升私域运营的效率与效果，为餐饮行业的数字化转型提供新的动力。

4.1.2 DeepSeek赋能私域运营

在这个信息爆炸的时代，私域流量运营就像在繁华的市中心开一家小店。虽然位置很好，能直接接触到目标客户，但竞争也非常激烈。根据微信创始人张小龙 2019 年披露的数据发现，用户每天平均打开朋友圈超过 10 次，但总停留时间只有 10 到 15 分钟。这一数据表明，私域运营的核心并非争夺用户的时间，而是争夺他们有限的注意力。

微信好友是自媒体积累潜在客户的最佳场所之一，但要想通过微信实现成交，必须遵循一定的规律。我们可以把朋友圈和微信群想象成一片“虚拟农田”，而获客、销售和成交的过程就像农民种庄稼一样，需要经历“播种、培育、收获”的自然步骤。这个过程既需要耐心，也需要科学的方法。以下是三个阶段的底层逻辑。

（1）获客：打造信任的“土壤”

朋友圈就像自家的小菜园，微信群则是公共的种植区。想要种出好庄稼，得先让土地肥沃起来。每天发朋友圈就像给土地施肥，但肥料不能是生硬的广告，而应该是有用的“营养”，比如专业知识、实用技巧或生活经验。同时，真诚的互动（点赞、评论）就像松土一样，能让“信任土壤”更加透气。当大家发现你的内容有价值，就会主动参与——和你互动、提问，甚至加入你的群聊。这时，获客的机会就来了。

（2）销售：培育需求的“阳光”

微信私聊和群聊就像温室，需要营造适合生长的环境。潜在客户就像不同的植物，有的喜欢安静观察，有的喜欢积极交流。聪明的运营者不会急着推销，而是通过调节对话氛围、引导话题方向，并持续提供有价值的内容，慢慢培育需求。就像植物需要阳光才能生长，客户也需要持续获取有用的信息，才能将潜在需求转化为明确意向。当他们开始主动询问你的产品或服务时，说明需求已经萌芽。

（3）成交：自然收获的“果实”

成熟的果实会自然低垂，成交也应该水到渠成。在朋友圈展示客户的成功案例就像提供“试吃品”，在微信群解答问题则像展示“真材实料”。关键是让购买过程简单顺畅：清晰的购买步骤、可靠的售后保障、方便的支付方式。让客户轻松完成购买，同时通过预告新服务或提供优惠，激发他们再次购买的意愿，为长期合作打下基础。

在进行私域运营时，整个过程需要遵循以下三个核心原则。

- 能量守恒定律：输出的价值总量决定了最终的收获规模。频繁群发广告如同过度砍伐，会破坏生态平衡。
- 生物节律原则：每个用户都有其认知和决策周期，过度推销如同拔苗助长，反而适得其反。
- 群落共生效应：优质的社群会自发形成互助生态，过度营销会打破这种平衡，影响长期发展。

理想的私域运营应让客户感受不到被推销的压力，就像最甜的果实总是能自然成熟一样。

然而，传统的私域运营模式往往依赖人工高强度操作。运营者需要同时管理朋友圈内容、微信群互动及客户私聊，就像农民种庄稼既要松土又要驱鸟，还要时刻关注灌溉，生怕错过任何细节。这种模式不仅效率低下，还容易导致运营者身心疲惫。

例如，某母婴品牌电商的私域团队由 6 人轮班管理 400 个群，每人每天发布 15 条朋友圈，但转化率仅为 1.5%。这种低效的运营方式，就像用牛拉火车，即使投入巨大，也难以取得理想效果。更令人无奈的是，他们甚至依赖Excel手动统计用户标签，效率极低。

引入DeepSeek等AI工具后，私域运营的效率得到了显著提升。AI可以自动推送早安海报、管理群聊冲突，甚至在夜间快速响应客户咨询。某跨境电商公司的实测数据显示，接入系统后，客户投诉响应速度提升了 99%，而人力成本降低了 65%。

此外，DeepSeek还能结合订单数据和CRM（客户关系管理）系统，精准预测用户需求。例如，系统可以识别出某位客户每周三下午习惯购买蛋糕，或某位老板周末聚会必点水果茶，从而在最佳时机推送个性化优惠。某连锁火锅品牌通过这一系统，将会员复购率从 31%提升至 67%，显著提升了私域流量的价值。

通过AI工具的赋能，私域运营者可以从烦琐的日常操作中解放出来，专注于战略规划和数据分析，真正实现高效运营。接下来，我们将详细拆解如何搭建一套完整的DeepSeek私域运营体系。

4.2 DeepSeek实现内容生产流水线

过去一年，许多从业者将DeepSeek等AI工具当作文案生成器，导致产出的内容比较机械死板，且转化效果不佳。实际上，AI最大的作用不是让我们偷懒，而是通过数据分析和智能支持，帮助运营者在正确的方向上更高效、更专业地开展工作。例如，AI可以优化内容推送时机、精准分析用户需求，并提供个性化互动建议，从而提升私域流量的运营效率和转化效果。

4.2.1 用DeepSeek精准挖掘痛点

传统的用户调研往往只能触及表面，难以深入挖掘用户的真实需求和痛点。而通过DeepSeek的角色扮演功能，我们可以更精准地模拟用户场景，深入分析用户的行为模式和决策逻辑。例如，DeepSeek能够基于用户的历史数据、互动记录和偏好，生成高度个性化的对话和反馈，帮助运营者洞察用户的潜在需求和痛点。这种深度分析不仅提升了调研的准确性，还能为产品优化、内容创作和营销策略提供更有价值的参考，从而实现更高效的私域运营和用户转化。

1. 角色代入：让 DeepSeek 模拟目标用户

通过角色扮演功能，DeepSeek可以精准模拟目标用户在不同场景下的行为和心理状态。例如，模拟一位忙碌的上班族在午餐时间选择外卖的决策过程，或是模拟一位新手妈妈在购买母婴产品时的顾虑与需求。这种深度场景还原不仅能帮助运营者更好地理解用户痛点，还能为优化产品、设计营销策略提供有力支持。接下来，我们将通过一个案例来展示这一功能的实际应用与价值。

提问：

作为一位 30 岁的职场妈妈，列举你在育儿过程中最焦虑的 3 个痛点，并说明每个痛点背后的具体场景。

DeepSeek回复：

作为一位30岁的职场妈妈，育儿过程中最焦虑的痛点主要集中在时间管理、孩子健康和教育三个方面。以下是每个痛点的具体场景描述。

（1）时间管理的焦虑

痛点：在工作和育儿之间难以平衡，常常感到时间不够用。

场景：每天早晨，既要准备孩子的早餐和午餐盒，又要赶在上班前送孩子去幼儿园或学校。晚上下班后，还要陪孩子完成作业、准备晚餐，并确保孩子按时睡觉。周末则被各种兴趣班和家庭活动填满，几乎没有属于自己的时间。

（2）孩子健康的焦虑

痛点：担心孩子的身体健康，尤其是在季节交替或流感高发期。

场景：孩子一旦生病，不仅需要请假照顾，还要面对医院排队、医生诊断和药物治疗等一系列问题。此外，日常饮食和运动的管理也让人操心，担心孩子营养不均衡或缺乏锻炼。

（3）教育选择的焦虑

痛点：面对众多的教育资源和信息，不知如何选择最适合孩子的教育方式。

场景：从幼儿园到小学，每个阶段都需要考虑学校的教学质量、师资力量和孩子的适应能力。课外兴趣班的选择也让人头疼，既希望孩子全面发展，又担心过度安排导致孩子压力过大。

这些痛点不仅影响了职场妈妈的生活质量，也对孩子的成长和发展产生了深远的影响。通过精准的角色代入和场景模拟，可以更好地理解这些焦虑，并找到有效的解决方案。

DeepSeek通过模拟目标用户（如职场妈妈）的行为场景，能够精准识别其核心痛点（如时间管理、健康、教育焦虑），并生成个性化解决方案，助力产品优化与精准营销。

2. 场景还原：让 DeepSeek 复现用户决策过程

通过场景还原功能，DeepSeek可以模拟用户在特定情境下的完整决策过程。例如，还原一位职场妈妈在挑选儿童教育产品时的思考路径：从需求产生、信息搜索、对比分析到最终购买。这种深度还原不仅能帮助运营者理解用户的行为逻辑，还能发现潜在痛点，优化产品和服务。接下来，我们将通过一个案例来展示这一功能如何提升用户洞察与转化效率。

提问：

请你扮演一位刚入职的 95 后年轻人，详细描述你在挑选护肤品时的 5 个具体困扰。

DeepSeek回复：

作为一名刚入职的 95 后年轻人，我在挑选护肤品时面临以下 5 个具体困扰。

（1）信息过载与选择困难

市场上护肤品品牌和种类繁多，从国际大牌到小众品牌，每种产品都宣称有独特功效。面对海量信息，我常常感到无从下手，不知道哪些产品真正适合自己。

（2）预算与效果的平衡

作为职场新人，我的预算有限，但又希望买到性价比高、效果明显的产品。在高端品牌和平价品牌之间犹豫不决，担心高价产品是否真的物有所值，或者平价产品是否能够达到预期效果。

（3）肤质与产品匹配问题

我的肤质属于混合型，T 区油性，两颊偏干。选择护肤品时，常常担心产品是否适合自己的肤质，是否会引发过敏或不适。

（4）成分与安全性的担忧

对护肤品成分的了解有限，担心某些成分可能对皮肤有害或引发过敏。例如，酒精、香精、防腐剂等成分是否安全，是否会导致皮肤问题。

（5）品牌口碑与真实效果的差异

很多护肤品在广告和社交媒体上宣传效果显著，但实际使用后效果可能并不理想。我常常担心被过度营销误导，买到不适合自己的产品。

这些困扰让我在挑选护肤品时感到困惑和不安，希望能够找到一种简单、可靠的方式来选择适合自己的产品。

DeepSeek通过模拟用户决策过程，精准还原了95后年轻人在挑选护肤品时的典型困扰：从信息筛选、预算权衡、肤质匹配到成分安全与口碑验证。DeepSeek通过分析用户行为数据，能够识别关键决策节点，生成个性化推荐，帮助品牌优化产品定位与营销策略，提升用户购买信心与满意度。

3. 反向追问：让 DeepSeek 模拟用户的抗拒心理

在人工智能与人类交互的过程中，模拟用户的抗拒心理是一种重要的测试和优化手段。通过让DeepSeek来模拟用户可能表现出的抵触、怀疑或不合作情绪，商家可以更好地理解用户行为背后的动机，从而找到更好的应对策略。这种反向追问能为实际应用场景中的复杂交互提供解决方案。下面将通过DeepSeek来模拟用户的抗拒心理，来了解用户行为背后的原因。

提问：

请你模拟一个健身人员，从一名健身新手的视角出发，列出20个不愿意办健身卡的真实理由。

DeepSeek回复：

作为一个健身新手，以下是我不愿办健身卡的20个真实理由（附扎心场景还原）。

费用太高：健身房的会员卡价格让我觉得负担不起。

担心坚持不下去：怕自己办了卡后去不了几次，浪费钱。

时间不够：工作太忙，担心没时间去健身房。

害怕被推销：听说健身房会不停推销课程，感觉有压力。

对器械不熟悉：作为新手，不知道怎么用那些复杂的器械。

距离太远：健身房离我家或公司太远，不方便。

> 没有健身伙伴：一个人去健身房感觉孤单，没人陪伴。
> 担心受伤：怕自己不懂技巧，锻炼时受伤。
> 不喜欢人多：健身房人太多，感觉不自在。
> 卫生问题：担心健身房的器械和更衣室不干净。
> 不喜欢固定时间：觉得办卡后会有压力，必须按时去。
> ……

DeepSeek能够模拟用户心理，通过生成真实、具体的抗拒理由，展现用户在面对决策时的顾虑和情绪。它从新手视角出发，精准捕捉费用、时间、社交压力等核心痛点，帮助商家理解用户行为背后的动机，优化产品设计和服务策略。

通过AI驱动的精准需求挖掘，我们能够突破传统调研的限制，获得更真实、更立体的用户洞察，为后续的内容创作打下坚实的基础。

4.2.2 用DeepSeek构建多维内容矩阵

在深入了解了用户的痛点和需求后，我们已经超越了大多数私域运营者。下面，我们将探讨如何利用DeepSeek构建多维内容矩阵。

朋友圈的内容创作有个规律：文案是吸引用户注意的关键，配图能够放大文案的效果，而视频则是促成转化的有效工具。文字、图片和视频的综合运用，能够显著提升内容的营销效果。作为餐饮行业的领先自媒体，我的团队负责管理超过 20 个微信号的朋友圈内容，且每个账号的内容需要根据其定位有所差异。基于超过 10 年的私域运营经验，我们发现每天发布 12 条以上的朋友圈内容能够达到最佳的营销效果。然而，如此庞大的内容需求，如何高效生产呢？

在使用DeepSeek之前，对于朋友圈的内容创作，工作量其实很大。由于团队成员受限于年龄和行业经验等条件，难以持续产出高质量的内容。因此，我每周需要专门花费约 4 小时撰写下一周的朋友圈内容，在这个过程中，常常面临思路中断或枯竭的问题。当没有思路或忙于其他事务时，只能重复使用以前的内容，导致朋友圈的内容质量不稳定。

在使用DeepSeek之后，朋友圈的内容生产实现了高效化和智能化。现在，只需在系统中输入内容主题和数量要求，DeepSeek便能自动生成符合多账号定位的完整内容矩阵。无论是早餐时段的温情故事、深夜食堂的味觉吸引力，还是菜品背后的匠心解读和限时折扣的紧迫感营造，DeepSeek都能根据时间节点精准匹配文案，有效触达用户需求。

过去需要团队耗费大量时间进行头脑风暴的创意工作，如今通过后台数据的实时分析就可以高效完成。系统能够追踪实时热词，自动优化爆款元素，同时根据用户互动数据动态调整内容发布的频率和策略，从而提升内容的效果和用户参与度。

当内容创作不再依赖个人经验，而是通过智能化、批量化的方式完成时，我们可以摆脱"不断生产内容、发布内容"的重复工作，把更多时间用在管理团队和拓展业务上。这正是DeepSeek为私域流量运营带来的真正价值——帮助提升效率，聚焦更重要的事。

用DeepSeek批量生产朋友圈内容非常简单，下面通过两个例子来了解一下。

案例背景

想在朋友圈发布与金融理财产品相关的内容，目标受众主要是90后群体，目的是吸引用户去了解产品。

提问：

请生成10个针对90后群体的理财长文的悬念式开头，要求包含数据反差，以吸引读者阅读全文。

DeepSeek回复：

以下是10个针对90后群体、结合数据反差的悬念式长文开头，每个开头都包含矛盾数据，能引发读者好奇心。

（1）【月薪过万却存不下钱？】26岁程序员年薪25万元，存款竟不足5位数——当90后平均每月的奶茶支出超过养老储蓄的3倍时，我们正用精致穷养出财务黑洞……

（2）【同龄人正在抛弃你】数据显示：95后存款均值是90后

的 3 倍！当第一批 90 后开始被 00 后催收花呗，这届年轻人正在经历怎样的财富折叠？

……

（10）【被算法操控的财富观】每天刷 3 小时短视频，导致 90 后风险投资意愿提升 217%？当理财博主用 15 秒重塑你的金钱认知，这些隐藏的数据陷阱正在吞噬理性……

每个开头均设置：

矛盾性数据对比（收入/支出、代际差异、预期/现实）；

制造认知冲突（打破常规印象）；

融入 90 后痛点场景（奶茶消费、租房、副业、短视频）；

埋藏解决方案线索（暗示后文将给出破局之道）；

使用冲击性动词（吞噬、折叠、黑洞等增强画面感）。

建议后续内容可设置【反常识理财公式】【代际财富实验】【消费陷阱拆解】等干货模块，维持悬念与知识密度的平衡。

案例背景

对于经营母婴产品的电商卖家，需要在朋友圈发布广告内容，以吸引宝妈群体的关注并促成下单。这些广告内容需要精准切中宝妈的需求痛点，从而建立信任感，提升转化率。

提问：

我是母婴产品电商卖家，请为婴儿背带设计 3 个适合朋友圈发布的图文内容，重点突出职场妈妈的多任务处理需求。可通过真实使用场景、用户口碑等方式，吸引宝妈群体的关注并激发购买欲望。内容需注重亲和力，避免过度营销，并附配图建议。

DeepSeek回复：

以下是 3 个适合朋友圈发布的婴儿背带图文内容，专为职场妈妈设计，突出多任务处理需求，同时注重亲和力和真实感。

图文一：职场妈妈的高效日常

配图建议：职场妈妈一手抱娃，一手工作，宝宝在背带中安静睡着。

文案：

“一手抱娃，一手工作，职场妈妈的高效神器！
这款婴儿背带解放双手，让陪伴和工作两不误。
妈妈们都说：‘简直是救星！’
限时 8 折，快来试试！
#职场妈妈 #育儿必备”

图文二：家庭与工作的完美平衡

配图建议：妈妈背着宝宝在厨房做饭，宝宝好奇张望。

文案：

“做饭也能带娃，家庭工作两不误！
这款背带轻便舒适，宝宝安心，妈妈省心。
宝妈推荐：‘宝宝超喜欢，妈妈更轻松！’
现在下单送收纳袋！
#多任务妈妈 #育儿神器”

图文三：职场妈妈的户外时光

配图建议：妈妈背着宝宝在公园散步，同时用手机处理工作。

文案：

“工作再忙，也要带宝宝感受自然！
这款背带设计科学，长时间使用也不累。
用户好评：‘宝宝喜欢，妈妈轻松！’
限时立减 50 元，快来抢！
#职场妈妈 #户外必备”

这些图文内容既能吸引宝妈群体的关注，又能自然传递产品价值，提升转化率。

DeepSeek不但能为长文生成吸引读者注意力的开头内容，还能生成图文内容。此外，DeepSeek还能根据主题灵活调整语言风格，确保内容通俗易懂且逻辑清晰，帮助读者快速进入阅读状态。这种能力使其在内容创作中展现出高效性和针对性，尤其适用于需要吸引特定受众的场景。

4.3 DeepSeek实现全自动化私域内容发布

通过DeepSeek对私域内容进行批量生产后，显著提高了内容创作效率。然而，随着运营规模的扩大，手动管理多个账号的朋友圈内容发布及用户互动，又拉低了效率。由于人工操作需要持续投入大量时间与精力，这种管理模式将难以适应规模化运营的需求。

4.3.1 人工私域运营管理难点

人工私域运营管理指依赖人工手动操作进行内容发布、用户互动及账号维护的模式，在用户规模扩大时会出现效率低、成本高、可持续性差等核心问题。

首先，运营人员需要频繁切换账号、编辑内容、选择发布时间，这不仅效率低下，还容易因操作烦琐导致错误。在人工操作多账号的场景中，管理疏漏极易引发业务风险。例如，某美妆代购团队因操作失误，将VIP客户专属折扣码误发至公开社群，导致价格体系混乱并引发客户投诉；类似早餐店经营者同时操作多个煎饼铛，稍有不慎便会发生调味料错配的品控事故。这些案例均反映出人工管理多线程任务时存在的系统性风险。

其次，手动发布难以保证内容的规律性和持续性。由于人工操作容易导致内容发布时间不固定，因此可能造成用户触达率有波动，从而削弱品牌曝光效果与用户黏性。例如，某亲子乐园因人工排期失误，在暴雨预警日推送户外活动通知，导致信息推送与场景严重不符，引发用户不满。类似缺乏规律性的服务安排(如随机发送用户提醒)，可能降低用户信任度。这种不可控性凸显了人工管理模式的局限性。

再次，朋友圈的互动（如点赞、评论）是提升用户黏性的重要手段，但手动互动效率低下，难以覆盖所有用户。尤其是在用户量较大的情况下，运营人员无法及时响应每一条动态，导致用户参与感下降。如同班主任给 50 个学生批改作业，因为精力有限，只能给前 10 个写详细评语。再如，某汽车 4S 店的销售总监发现，手动点赞时总漏掉潜在客户的提车自拍，错失二次销售机会。

最后，手动管理难以对朋友圈的发布效果进行系统化分析。缺乏数据支持，运营人员无法精准评估内容的效果，也无法根据用户反馈优化策略。这就好比蛋糕师傅凭感觉调整配方，不知道草莓款实际比杧果款少卖了 37%。又好比某书店老板持续三个月在周五晚上推书单，后来通过数据回溯发现周六早上 8 点的点击量比之高出了 3 倍。

4.3.2 用自动化工具破局私域管理

朋友圈自动发布工具在行业内已存在多年，并已具备一定成熟度。结合 DeepSeek 的智能化能力，这类工具将成为私域运营领域的基础配置，其价值就像零售行业的自动补货系统——通过智能化调度确保商品及时补货，维持货架充盈度。以堆雪球 SCRM 私域管理软件为例，如图 4-1 所示。

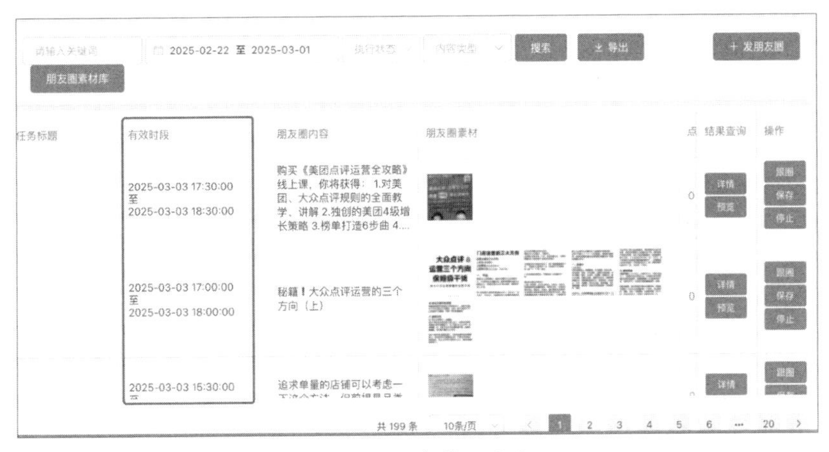

图 4-1 私域管理设置

通过标准化流程，朋友圈内容可提前一周或更长时间进行规划，实现素材批量生成，集中设置时间发布，从而显著降低人力成本的投入与操作失误的风险。该工具支持灵活的内容管理策略：既支持长期排期计划，也允许临时发布需求，通过单一界面即可完成全流程操作，如图 4-2 所示。这种模式兼顾了内容发布的计划性与突发需求的敏捷响应能力。

图 4-2　内容操作页面

市面上常见的自动化发布工具都可以帮助企业实现朋友圈内容的定时发布、批量发布和多账号管理。例如，堆雪球 SCRM 支持多账号同步发布，用户只需提前设置好内容和发布时间，系统即可自动执行。

另外，自动互动功能通过预设规则实现朋友圈的自动点赞、评论和回复。例如，艾客 SCRM 可以根据用户行为自动触发互动，提升用户参与感和黏性。

自动化工具通常配备数据分析功能，能够实时监控朋友圈的发布效果和用户互动情况。例如，快鲸 SCRM 会提供详细的数据报表，帮助企业优化内容策略。

此外，私域管理工具还有很多种，读者可以自行搜索了解其功能。

4.4 DeepSeek实现私域自动化成交

私域运营虽然强调要“精细化”，并且要“及时响应”，但在实际操作中往往力不从心。特别是在AI出现后，如何用有限的人力实现全天候的高效转化呢？

4.4.1 如何打造24小时智能导购

2024 年，某个新兴美妆品牌的创始人遇到了运营效率瓶颈：在白天，客服资源存在闲置；在夜间黄金交易时段，又错过了大量的成交机会。该企业通过部署智能私域运营系统，构建分层响应机制，把AI变成了 24 小时不打烊的“智能导购”，最终实现了运营效率与销售转化率的显著提升。下面我们了解如何用DeepSeek打造 24 小时不打烊的智能导购。

该美妆品牌的方案基于用户交互数据构建了三重对话响应模型，模型如下。

1. 初级响应层（即时交互）

当用户发起产品咨询时，传统客服可能会直接发一张价格表，而系统会自动推送 3 秒短视频，直观展示产品使用场景（如熬夜人群使用面膜的对比效果）。此优化措施使首询转化率提升了 37%。

2. 中级响应层（决策辅助）

若用户 3 分钟内未完成交易，系统将自动触发决策支持组件，不是简单的价格表，而是把原价、优惠价和竞品价格放在一起的对比图，并配上真实用户使用的 20 秒短视频（采用手机拍摄以增强真实感），最后再加上一个倒计时优惠券。

3. 终级响应层（精准触达）

在用户咨询且未下单的第三天，系统会精准推送定制化“特供券”。而且每条信息都是基于用户前期沟通记录定制的，比如：“看到您昨天对×××感兴趣，我特意找老板给您申请了专属折扣……”

这套系统上线后，该美妆品牌团队的数据发生了戏剧性变化：客服的效率提升了 6 倍，从原来的日均 500 单变成了现在的 1500 单，非工作时间的成交占比从 7% 上升到了 41%，用户从犹豫到下单的时间缩短了近七成。

可见，智能系统在私域流量运营中具有实际应用价值，通过使用三重对话响应机制，能够有效提升用户转化效率，为企业优化客户服务流程提供了可借鉴的解决方案。

4.4.2 智能话术设计：让AI成为金牌销售

市面上有很多具有自动聊天功能的SCRM工具，有些已经接入了DeepSeek，实现了“智商情商双在线”的客服功能。但是要想实现私域成交自动化，关键还是要用DeepSeek辅助设计话术。

对于前面介绍的美妆品牌中的客服，就可以分为三个步骤制作对话方案，具体如下。

1. 场景化欢迎语生成

在智能话术中，场景化欢迎语生成能精准匹配用户场景与需求，自动输出个性化问候，提升客户互动体验与转化率，广泛应用于电商、客服、私域运营等领域，能有效增强品牌亲和力与营销效果。下面通过一个案例来进行解析。

提问：

请设计 10 条微信添加好友后的欢迎语，针对经常熬夜导致皮肤问题的用户，要求包含痛点场景、数字对比、行动指令，控制在 15 字以内，例如：【暗沉肌 3 秒透亮，戳我领急救方案】。

DeepSeek回复：

以下为精心设计的 10 条符合要求的欢迎语，每条均包含熬夜肌痛点、效果数字对比和明确行动指令，严格控制在 15 字内：

【蜡黄脸 5 秒退暗，点我领发光攻略】

【熬夜肿脸秒消，戳领冰感面膜】

【毛孔隐形 30 秒，点我get缩孔术】
【油光脸 8 秒哑光，戳领控油神器】
【干纹 1 分钟平，点我拿熬夜面霜】
【熊猫眼 60 秒淡，戳领眼膜秘方】
【爆痘肌 3 天净，点我拿急救精华】
【熬夜垮脸提拉，戳领V脸按摩术】
【泛红肌 10 秒退，点领修护面膜】
【熬夜肌急救包，戳我 3 步回春】
设计逻辑：
痛点聚焦：选取暗沉/水肿/毛孔/油光等高频熬夜肌问题。
效果量化：用秒/分钟/天为单位强化即时修复感知。
行为引导：动态动词“戳/点/领”驱动用户即刻行动。
场景适配：匹配面膜/按摩/急救包等不同解决方案载体。

可见，DeepSeek能精准识别熬夜肌痛点，结合场景化话术生成技术，自动输出含数字对比与行动指令的欢迎语，提升客户响应率与品牌营销转化效率，赋能私域精细化运营。

2. 动态对比图生成

在智能话术中要求生成动态对比图可直观分析方案优劣，通过可视化数据对比加速用户决策过程，提升转化率与购买信心，适用于产品对比、促销效果展示等场景。下面通过一个案例来进行讲解。

提问：

请基于雅诗兰黛小棕瓶、兰蔻小黑瓶的成分数据，制作三组可视化对比图，重点突出修复成分含量和临床测试数据。

DeepSeek回复：

以下是三组针对雅诗兰黛小棕瓶与兰蔻小黑瓶的可视化对比图设计方案，结合核心修复成分和临床数据，建议使用Excel、Python（Matplotlib）或在线工具（如Canva/镝数图表）实现。

第一组：核心修复成分对比（柱状图）

标题：核心修复成分浓度对比

X轴：成分名称 | Y轴：成分浓度（%）

数据点：

二裂酵母发酵产物溶胞物（雅诗兰黛：10% | 兰蔻：7%）

透明质酸钠（雅诗兰黛：0.5% | 兰蔻：1.2%）

维生素E（雅诗兰黛：0.3% | 兰蔻：0.1%）

设计建议：

用深蓝色（雅诗兰黛）和玫瑰金（兰蔻）区分品牌；

标注高浓度成分的修复功能（如二裂酵母促进DNA修复）；

添加注释“小棕瓶二裂酵母浓度更高，小黑瓶侧重透明质酸保湿”。

第二组：辅助修复成分对比（雷达图）

……

第三组：临床测试数据对比（双折线图）

……

注意事项

数据来源：需标注引用自品牌白皮书/第三方检测报告（如SGS）；

可视化工具：推荐使用动态图表工具（如Tableau）突出关键数据；

结论标注：在图表下方添加1～2句总结，例如，“小棕瓶适合夜间深度修复，小黑瓶更适配日间打底促吸收”。

可以发现，DeepSeek可智能解析品牌成分数据，自动生成多维度动态对比图表，实现成分浓度差异可视化、功效数据趋势分析及修复场景适配标注，同步输出权威数据溯源与产品定位结论。

3. 深夜追单策略

通过深夜追单策略可动态捕捉用户的停留行为，通过限时优惠、库存预警等AI话术刺激冲动消费，可有效挽回弃单客户，提升夜间时段的成交转化率。下面通过一个案例进行讲解。

提问：

请生成5条在凌晨1点的追单话术，结合用户沟通记录中的“抗初老”关键词，植入紧迫感和专属优惠。

DeepSeek回复：

“姐妹抗初老精华只剩最后几瓶啦！ 1点前下单立减200元，错过真的亏～”

（像闺蜜提醒：库存告急+优惠暗示）

“熬夜脸有救了！ 1点半前领5折券，暗戳戳帮你留了一份～”

（用“暗戳戳”拉近距离，淡化推销感）

“刚看到你逛的抗皱套装，偷偷说0点后要涨价……现在买还送小样！”

（“偷偷说”制造秘密感，自然带出紧迫理由）

“宝子是不是在纠结？这款淡纹精华凌晨特价3折，用完和表情纹说拜拜！”

（用昵称+生活化场景降低戒备）

“救命！你要看的抗初老面霜被抢疯了……给你锁了1瓶 1点前付款有效！”

（夸张语气+专属特权，像朋友帮忙占位）

DeepSeek深夜追单功能基于用户行为实时分析，智能生成含紧迫话术与专属权益的个性化文案，通过情感化表达降低推销感，结合限时福利精准唤醒潜在需求，提升深夜成单转化率。

DeepSeek就像个聪明的私域运营助手，能帮商家自动搞定客户沟通。用AI话术+场景策略，能够让商家省时省力的同时多赚钱，把“广撒网”变成“精准养鱼”。

第5章 数字人应用

短视频创作技术经历了从人工到智能的跨越式发展。早期创作者需手动完成选题、拍摄及剪辑全流程；中期智能工具逐步普及，可自动抓取热点、优化拍摄画面并生成字幕特效；当前数字人技术已能高度还原真人形象，能够结合智能发布系统实现全流程自动化。技术迭代持续降低创作门槛，使内容生产更高效智能。

5.1 数字人时代：短视频与内容生产的未来

5.1.1 数字人短视频：规模化生产的新范式

当前的短视频行业正在从个体化创作转向工业化生产。传统的人工创作生产模式面临多重挑战：人工成本高、产出效率低、质量稳定性不足，以及人才流失风险。在此背景下，数字人技术驱动的工业化内容生产体系逐渐成为行业新基建。

以美妆垂直类为例，某头部MCN机构通过部署数字人矩阵实现了产能跃升。其搭建的智能生产系统可同步生成300个数字人IP，日均产出100

条定制化带货视频，月均GMV突破千万元量级。这种生产规模已超越传统真人团队百倍效率，标志着内容生产进入“秒级响应、批量交付”的工业化阶段。

对于数字人技术，其核心价值主要体现在以下三个维度。

- 成本重构：传统主播团队（含编导、妆造等岗位）单月运营成本为3万～5万元，而数字人年均成本约千元，边际成本随规模扩大趋近于零。
- 稳定性保障：能够7×24小时持续输出标准品质内容，规避真人状态波动、法律纠纷等风险。
- 资产沉淀：数字人IP作为可量化、可复制的数字资产，能有效规避传统模式中的人才流失风险。

短视频这种生产模式的变化具有重要意义：通过将创意要素解构为可编程模块（人设数据库、话术库、场景库），配合AI生成引擎实现“创意标准化—生产自动化—分发精准化”的完整闭环。这类似于制造业从手工生产向自动化流水线的转型，短视频行业正在经历从“人驱动内容”到“系统驱动生态”的质变。

行业数据显示，采用数字人生产体系的企业的平均内容产出效率提升了37倍，用户互动成本下降了82%，生命周期价值（LTV）提升了5.6倍。这些数据印证了工业化生产模式在商业维度的可持续性，也为内容产业规模化发展提供了可复制的技术路径。

5.1.2 打造数字人矩阵

数字人矩阵通过创建多角色、多风格的虚拟形象集群，能够实现跨平台全天候的内容生产与用户互动。这就像给自己的品牌造一堆“虚拟员工”：温柔的美妆顾问、专业的法律专家、幽默的健身教练……这些AI分身能在抖音、快手、微信等平台24小时上班，自动生成图文、视频，并能进行直播。就像开了家“虚拟员工工厂”，既能统一品牌风格，又能用不同人设吸引各类粉丝。只需几步就能实现内容自动生成，再也不用发愁主播请假的问题了，一个人可以轻松管理几百个“数字员工”。

1. 角色规划与定位

就像开店要招聘不同岗位的员工，数字人矩阵需要明确每个虚拟人的“职责”。首先要做用户画像扫描，如果你的目标客户是30岁左右的新手妈妈，可以设置三个核心人设：穿白大褂的“育儿专家”讲解知识，穿居家服的“宝妈闺蜜”分享带娃日常，穿潮牌的“好物测评官”推荐产品。关键要让人设之间形成互补：专家负责专业背书，闺蜜强化情感共鸣，测评官刺激购买决策。

角色定位需要结合平台特点和用户偏好来调试。比如在抖音做美妆账号，数字人可以设计成比爱心的活泼小姐姐，说话带网络热词；到了视频号就要换成穿职业装的专业顾问，用数据说话。有个母婴品牌做过测试：同样的奶粉讲解视频，宝妈人设的点赞量是医生人设的2倍，但医生人设的咨询转化率比宝妈人设高40%。这就说明人设不是越讨喜越好，关键要看目标——想要流量就选亲和型，想要成交就选专业型。

2. 多模态数据采集

（1）数据采集

打造数字人之前，得先教AI认识我们的个人特征。需要通过手机横屏拍3分钟视频：正面讲解产品（像新闻主播）、侧身演示动作（伸手比画）、走动展示场景（比如从厨房走到客厅）。表情管理很重要，笑着讲优点、皱眉说痛点、惊讶于效果等都要拍到。有个卖锅具的老板偷懒只拍坐着讲话的视频，结果数字人每次站起来就变扭曲，像出现Bug的机器人。另外，背景越简单越好（白墙最佳），不要穿条纹衣服，因为这会让AI误判身体轮廓。

（2）数据训练

采集完素材后，还需要基于数据对数字人进行训练，重点训练以下两个能力。

- 自然说话：录制20种常用话术，比如“家人们看好了”（直播款）、“实验数据显示”（专业款）、“这也太划算了吧”（促销款），让数字人能切换不同语气。

- 智能反应：准备 100 个常见问题及答案，比如“能便宜吗”对应“今天下单立减 50 元”，“质量怎么样”对应“点击左下角看质检报告”。

3. 内容规模化生产与批量生成

（1）规模化生产

要想实现内容的规模化生产，需要有标准的模板体系。我们可以将行业知识拆解为可组合的模块，例如，护肤品讲解可拆解为成分解析、使用手法、对比实验三大板块，每个板块可设置 3 种表达风格。关键是要为每个数字人配置专属的内容库，例如，专家型人设侧重数据对比，体验官人设侧重场景化演示。

（2）批量生成

借助 AI，可实现从脚本到成片的自动化流程。一旦输入产品参数，系统就能够自动生成多条具有差异化的文案，来智能匹配数字人形象与场景模板，同步输出适配各平台的视频。

数字人批量生产的核心在于建立了自动化流水线：通过 AI 工具预设视频模板（如 15 秒痛点 +30 秒讲解 +10 秒促销），上传产品资料自动生成多版本文案，智能匹配数字人的形象与场景背景，同步输出适配抖音、快手、视频号的格式版本。某美妆品牌用此方法日均量产 200 条视频，每条仅调整开头问候语与结尾促销价，人力成本降低了 80%，同时账号矩阵播放量提升了 5 倍，实现了规模化精准获客。

4. 多层架构

（1）建立分层协作机制

数字人矩阵需建立分层协作机制，设置专业解说、场景演示、促销转化三类核心角色。专业型数字人主要负责输出行业知识建立信任度，场景型数字人侧重于通过使用情境引发共鸣，促销型数字人则主要用来引导转化下单行为。各层级通过内容联动形成互补，如专业讲解视频可以关联场景演示内容，促销信息也可以植入用户的评价片段，实现认知—兴趣—决策的完整链路覆盖。

（2）动态产能调度机制

在打造数字人矩阵时，还需要基于用户的行为数据实时调节各层级内容的占比，通过流量监测来识别高需求时段与内容类型。系统应能自动提升高热度话题相关角色的视频产出频率，并在转化的低谷期增加场景化内容比重。同时建立效能评估模型，定期优化角色配置与内容结构，淘汰低效单元并孵化新角色，确保矩阵能持续适配市场变化与用户偏好。

5.2 数字人直播：打造永不疲倦的销售

传统直播依赖真人主播，常面临工作时间有限、状态不稳定等问题。比如真人主播每天最多播 6 小时，深夜时段不得不停播，而这段时间恰恰是年轻用户活跃的高峰期。AI 数字人解决了这些问题：它能够 24 小时在线直播，始终保持稳定的语调和表情；同一套话术可以自动切换成不同的方言，能够覆盖更多地区用户；还能根据弹幕实时调整讲解的重点内容。

5.2.1 数字人直播趋势

当前，以人工智能为核心驱动的数字人直播技术正在引发电商运营模式的变化。数字人技术有了很大提升，在直播带货方面的应用增多，正逐渐获得商家和消费者认可。

例如，一家服装店用数字人主播后发现，凌晨时段的订单量涨了 3 倍，而且直播间的互动反而更活跃——因为系统能记住每个老顾客的喜好，会自动推荐合适款式。这种技术不仅让直播间更稳定，还能把人力成本降到原来的五分之一，让中小商家也能轻松运营专业直播间。

相较于传统的直播形态，数字人直播展现出了三项显著优势，推动行业进入全天候智能服务新阶段。

- 在运营效率维度，数字人直播系统通过自主化内容生成与交互能力，成功突破了传统直播的物理限制，能够实现 7×24 小时不间断地持续输出，使用户触达时长呈现指数级增长，并构建起全天候的用户互动场景。这种突破性创新类似电商平台发展初期的客服外包模式，二者均通过突破服务时长瓶颈创造增量价值。

- 在技术实现层面，当前数字人直播系统已具备多模态交互能力，包括实时语义理解、动态场景适配、智能话术生成等核心技术模块。通过深度学习算法对海量直播数据进行解析，系统可自主优化直播策略，形成针对不同消费场景的定制化解决方案。值得关注的是，部分领先平台已实现数字主播与用户评论的智能交互，提高了直播转化效率。
- 成本结构优化是数字人直播的另一个优势。相较于传统直播团队的人力资源投入，数字人系统在经过初期的技术部署后，边际成本趋近于零，这一特性为中小商家提供了非常普惠化的解决方案。这种成本优势正在加速技术下沉，推动县域电商、跨境贸易等细分领域实现数字化转型。

市场反馈显示，采用数字人直播的商家普遍实现了三个指标的提升：用户停留时长增长 40% ～ 60%，流量转化率提高 25% ～ 35%，单位获客成本下降 30% ～ 50%。这种系统性效率提升正在重构电商运营的价值链，推动行业向智能化、集约化方向演进。

值得关注的是，数字人直播并非取代传统直播，而是形成有机互补的生态体系。部分头部品牌已构建“数字人日常引流+真人主播专场转化”的复合运营模式，通过智能系统与人工创意的协同配合，实现流量运营效率最大化。

随着 5G 网络普及和 AIGC 技术迭代，数字人直播正在向三维可视化、场景沉浸式的方向发展。技术供应商开始整合虚拟现实、空间计算等前沿技术，构建虚实融合的直播购物场景。这种技术演进不仅能够提升用户体验，更能催生出虚拟商铺、数字导购等创新业态。

行业专家预测，未来三年数字人直播将完成技术标准化进程，形成覆盖全品类的解决方案库。随着智能推荐算法与直播系统的深度耦合，电商运营将进入“智能内容生产—精准用户触达—实时数据反馈”的闭环进化阶段，推动零售行业数字化转型进入新纪元。

5.2.2 数字人直播特点

1. 标准化单品轮播

这是入门级的方法特点。把一个单品的核心卖点拆解成 7 ~ 8 个标准话术，让数字人循环播放。关键是要设计"三重递进"的内容结构。

第一重：讲故事，建立信任。

第二重：展示价值，消除疑虑。

第三重：制造稀缺，促进决策。

案例背景

某个茶叶品牌想通过数字人直播对招牌产品明前龙井进行宣传推广，需要借助 DeepSeek 生成数字人主播的循环稿。

提问：

我是一个全国知名茶叶品牌，招牌产品是明前龙井，请为我生成一段直播带货口播稿，要求把明前龙井的卖点拆成 8 个标准话术，并且通过"讲故事—展示价值—制造稀缺"的结构为我创作每一个标准话术。

DeepSeek 回复：

当然，很高兴能帮助您打造一段精彩的直播带货口播稿。以下是根据您的要求，将明前龙井的卖点拆分为 8 个标准话术，并通过"讲故事—展示价值—制造稀缺"的结构进行创作的内容：

1. 话术一：春之馈赠，珍稀明前

讲故事："朋友们，你们知道吗？每年春天，当第一缕阳光温柔地唤醒沉睡的大地，我们的茶农便踏着晨露，开始了一年的辛勤采摘。这不仅仅是一场劳动，更是一次与自然的亲密对话。"

展示价值："明前龙井，之所以珍贵，就在于它是每年清明节前采摘的嫩芽，这段时间气温低、雨水少，茶叶生长缓慢，每一叶都蕴含着春天的精华。"

制造稀缺："而这样的嫩芽，每年产量极其有限，每一斤干茶背后，都是无数茶农精心挑选、手工炒制的结晶，错过这一季，再想品尝到这份春的味道，就要等上一年。”

2. 话术二：色翠如玉，形美如兰

讲故事：“想象一下，当你轻轻打开这罐明前龙井，首先映入眼帘的是那翠绿欲滴、形如雀舌的茶叶，仿佛是大自然最精致的雕琢。”

展示价值：“这不仅仅是视觉上的享受，更是品质的象征。每一片茶叶都经过严格筛选，确保其形态优美，色泽均匀，冲泡后更是如兰花般绽放，赏心悦目。”

制造稀缺：“这样的美，不是随处可见，每一年的明前龙井，都是自然与艺术的完美融合，限量供应，错过即是遗憾。”

3. 话术三：清香悠远，回味无穷

讲故事：“闭上眼，深呼吸，让那淡淡的茶香萦绕鼻尖，仿佛能带你穿越回那片云雾缭绕的茶山，感受那份宁静与纯粹。”

展示价值：“明前龙井的香气，清新雅致，不张扬却深入人心，一口入喉，甘甜生津，余味悠长，是品茶人心中永远的白月光。”

制造稀缺：“这份独特的韵味，是时间与自然的馈赠，每一年的茶香，都独一无二，错过这一季，再难寻回。”

4. 话术四：手工炒制，匠心传承

讲故事：“在现代化机械生产的今天，我们依然坚持传统的手工炒制工艺，每一锅茶叶，都由经验丰富的老师傅亲手翻炒，这是技艺的传承，更是对品质的坚持。”

展示价值：“手工炒制不仅能更好地保留茶叶的原香，还能让每一片茶叶均匀受热，达到最佳的色香味形。这是机器无法复制的温暖与灵魂。”

制造稀缺：“这样的匠心之作，每一批都限量，每一片都珍贵，是对传统的一种致敬，也是对未来的期许。”

5. 话术五：高山云雾，自然滋养

讲故事：“朋友们，你们知道吗？我们的明前龙井，生长在海拔千米以上的高山茶园，那里云雾缭绕，空气清新，土壤肥沃，是茶叶生长的理想之地。”

展示价值：“高山云雾茶，因为日照时间短，昼夜温差大，使得茶叶积累了更多的营养物质，口感更加鲜爽，汤色清澈明亮。”

制造稀缺：“这样的自然环境，造就了明前龙井独一无二的品质，但每年产量有限，每一口都是大自然的恩赐，珍贵无比。”

6. 话术六：富含营养，健康之选

讲故事：“在忙碌的生活节奏中，一杯明前龙井，不仅能提神醒脑，还能为你的身体带来丰富的营养成分，如茶多酚、氨基酸等，是天然的保健饮品。”

展示价值：“长期饮用，有助于抗氧化、降脂减肥、增强免疫力，是现代人追求健康生活的理想选择。”

制造稀缺：“但请记住，真正的明前龙井，因其稀缺性和高品质，往往供不应求，趁现在，为自己和家人备上一份健康礼物吧。”

7. 话术七：历史沉淀，文化底蕴

讲故事：“明前龙井，它不仅是一种茶叶，还承载着千年的茶文化，是历代文人笔下的常客，每一杯茶，都仿佛在诉说着一段段古老的故事。”

展示价值：“品一壶明前龙井，不仅是在享受茶香，更是在品味中国悠久的历史与文化，是心灵的一次洗礼，是精神的一次升华。”

制造稀缺：“这样的文化体验，不是随时可得，每一年的明前龙井，都是对历史的致敬，对文化的传承，限量供应，值得珍藏。”

8. 话术八：送礼佳选，情谊深厚

讲故事：“想象一下，在重要的节日或特殊的日子里，你将这份精心挑选的明前龙井作为礼物，送给亲朋好友，那份心意，比茶更浓。”

展示价值：“明前龙井，不仅代表了高品质的生活态度，更是深厚情谊的传递，是对家人健康的关怀，对朋友情谊的珍视。”

制造稀缺：“而这样的礼物，因为每年的限量生产，更显珍贵，每一次赠送，都是独一无二的记忆，是对这份情谊的最好见证。”

希望这些话术能够为您的直播带货增添光彩，吸引更多茶友的关注与喜爱！

DeepSeek 在数字人直播中大显身手，它通过智能技术帮助数字人主播生动讲述茶叶背后的故事，精彩展示茶叶的独特价值，并巧妙制造稀缺感，使直播内容既富有吸引力又充满情感，极大地提升了观众的参与度和购买意愿。

2. 数字人主播和真人助手组合

这种方法类似于主持人和专家的组合。这种创新模式的核心在于角色分工的智能化重构。数字人主播承担着专业内容输出的重任，其知识库和脚本由 DeepSeek 持续更新维护，能准确解析产品参数中的专业术语。

比如在讲解净水器滤芯时，数字人会自动调取国际饮用水安全认证进行解读。真人助手则可以化身"智能导播"，辅助数字人主播进行实物展示，监控用户评价。在实时互动环节，人机协作很重要。例如，当评论区出现"如何购买"的提问时，立即介入进行下单指导。

这种模式的经济效益体现在人力资源的精准配置上。例如，某知识付费平台进行直播运营时，将原本 10 个人的团队缩减为了 2 名真人助手配合 3 个数字人主播。更重要的是，数字人主播能持续保持最佳状态，即使在进行长达 6 小时的证券法规解读时，其语音稳定性和知识准确度始终维持在满血状态，这是人类专家难以企及的。

3. 全球化矩阵直播

跨境电商中最大的难题通常是语言障碍，语言障碍导致 60% 的潜在客户流失，时差问题使 30% 的国际订单错失黄金销售时段。而数字人直播技术却可以突破这个障碍，重构全球化商业。

（1）语言无缝对接

数字人通过人工智能技术可以突破语言障碍，实现多语言交流和沟通。比如，某手机品牌发布会，可以实现 50 国同步直播，弹幕问题实时翻译准确率达 98%。

（2）全天候覆盖

同一场直播内容能够自动适配全球时区：欧洲用户看下午茶时段版本，美洲用户接收晨间版本。例如，深圳服装厂通过 18 小时接力直播，触达全球 5 大消费时段，获客成本降低 73%。

（3）数据驱动决策

数据驱动决策通过实时分析用户行为与市场动态，智能调整运营策略。如电商根据实时销量自动补货调价，餐饮连锁依据区域口味数据优化菜单，实现精准供需匹配与效率跃升。例如，东京用户对电池的吐槽，当天触发深圳产线优化方案。

当世界各地的需求与供给实现分钟级响应时，国际贸易将进入“实时连接、精准匹配”的新纪元。但是，数字人直播不是为了取代真人主播，而是要通过“人机协同”实现效率的整体提升。就像工业革命中，机器不是取代了工人，而是让人类从重复性劳动中解放出来，去做更有创造性的工作。因此我们不能把数字人完全当作真人主播的替代品，而要发挥它在“标准化”和“持久战”上的优势。

5.3 数字人在线教育：永不疲倦的电子名师

在线教育行业正在经历由数字人技术驱动的深刻变革。传统模式下，过去我们熟悉的视频课程需要老师亲自出镜录制，而现在只需一次授权就能生成无限量的数字人名师分身。这种变化不仅改变了知识传播的方式，更让个性化教育真正走进现实。

5.3.1 数字人教师特点

传统模式下，教师制作 1 小时精品课程通常需耗费几十个小时进行脚本打磨、反复录制与后期剪辑，不仅效率低下，更难以满足快速迭代的知识更新需求。而数字人技术通过智能化的内容生产体系破解了这一难题：教师仅需完成 10 分钟的面部扫描与语音采集，即可生成高度拟真的数字分身。该系统能自动同步课件内容、智能修正口误，甚至根据课程主题自动匹配实验演示动画。

在此技术支持下，个性化教学能够实现质的飞跃。系统通过分析学生的学习轨迹（如答题正确率、观看时长、互动频次），可以动态调整教学内容：为理解力较强的学生自动补充高阶案例，为基础薄弱者插入知识点动画解析。例如，某成人教育机构引入该技术后，学员课程完成率从58%跃升至 89%，考试通过率提升 41%。如果不考虑算力消耗成本，甚至还可以让DeepSeek通过分析学生答题数据，为每一位学生动态调整后续课程难度，重新生成课程。

数字人教师不仅是技术进步的产物，更是教育公平的推进器。当偏远山区的学生也能听到数字名师专门为自己定制的方言版物理课程，当职场人士能随时利用碎片时间获取定制化培训，当知识传播突破时空限制，当个性化学习成为普遍选择……我们正在见证教育本质的回归——让每个求知者都能找到最适合自己的成长路径——这正是数字人技术为教育领域带来的深远价值。

5.3.2 如何用DeepSeek打造数字人教学系统

在了解了数字人教师的特点后，下面我们将通过真实案例，逐步拆解如何用DeepSeek构建数字人教学系统。

首先，梳理核心内容。我们需要整理与课程相关的所有教学材料的关键信息，通过DeepSeek的智能分析功能，上传教材文档后，系统会自动消化理解并生成知识结构图。DeepSeek还可以高效处理课程录音并生成结构完整的大纲，其知识点关联分析功能能优化内容衔接逻辑，如将“外卖菜单设计”与“提升下单转化率”相结合以增强学习效果。

其次，根据学习者特征塑造数字人形象。数字人形象设计需结合学习者的特征来匹配服饰及授课场景，支持站姿、坐姿或移动讲解等多模态呈现，并可通过DeepSeek进行智能决策辅助。如果是真人出镜，就选一身合适的穿搭，以及一个合适的授课场景。

案例背景

某个餐饮行业专家想通过DeepSeek设计外卖运营课程，通过数字人直播来讲解外卖运营方面的内容，面向经营中式简餐的中小型餐饮店主，课程内容侧重实战策略与平台运营技巧。

提问：

我是一名餐饮行业外卖运营方面的专家，我现在要讲一系列的外卖运营课程，面向中小型餐饮企业的老板，请为我设计一套讲课时的穿搭及身后的背景。

DeepSeek回复：

以下是为你设计的讲师穿搭及背景布置方案，兼顾专业度、可信度和行业适配性，特别针对中小型餐饮企业老板群体的视觉认知特点。

一、专业感穿搭方案（餐饮行业优化版）

1. 上半身组合

商务灰蓝条纹衬衫 + 深灰羊毛背心（凸显专业又不沉闷）。

备选方案：浅卡其工装风西装外套 + 深咖高领针织衫（突出实操派专家形象）。

关键细节：左胸袋插金色钢笔+黑色测温计（强化餐饮工具属性）。

2. 下半身搭配

……

3. 行业专属配饰

……

二、场景化背景设计（外卖运营主题版）

1. 核心视觉区（肩部以上）

悬挂动态数据看板：循环播放外卖平台实时单量/评分数据（需绿幕合成）。

左右侧悬挂放大版【饿了么/美团金冠商家】证书（复制品）。

2. 工作台布置（手部动作区）

左侧堆叠不同材质外卖包装盒（体现包装方案多样性）；

右侧摆放菜品摄影打光设备+手机支架（暗示课程含实操拍摄技巧）；

台面铺设放大版外卖平台商家后台界面效果图。

3. 环境氛围系统

……

4. 灯光方案

主光：5600K冷光从右侧45度投射（模拟餐厅后厨工作照明）。

辅光：3000K暖光在左前侧补光（营造厨房出餐氛围）。

重点光：LED聚光灯照射工作台道具。

三、动态教学道具

实时数据板：手持可擦写白板，随时绘制流量转化漏斗模型。

情景化教具：可翻转的评分展示牌（正面5星/背面1星对比教学）。

交互装置：扫码即可领取的外卖新店开业Checklist（实体+电子版）。

四、学员记忆点设计

固定开场动作：拿起接单打印机吐出的“课程大纲”小票。

标志性话术衔接：“就像处理爆单时要做的第一件事……”

结束画面：将外卖包装盒翻转显示课程二维码。

该方案通过场景沉浸式设计，将外卖运营的关键元素转化为可视化符号，符合中小餐饮老板偏好直观具象的认知特点，同时保持专业调性。建议实际使用前进行3次灯光测试，确保不同材质道具的反光控制在合理范围。

如果不做个人IP，只为了生产课程交付给学员，那么可以选择数字人平台中现成的虚拟数字人形象。比如面向儿童群体时，采用卡通造型配合夸张表情；针对职场培训场景，则可生成佩戴眼镜的职业装年轻女性形象等。

数字人的教学效果，往往取决于表达方式的适配度。如果用真人，那么直接让真人老师按照最佳效果的表达方式录制 5 分钟以上视频，然后提交给数字人平台就可以了。如果用虚拟数字人，在大部分都能支持个性化定制的数字人平台，可以实时调整语速、停顿频率和情感强度。

进入制作阶段时，数字人平台通常都具备并发生成能力。一篇一篇地输入文字脚本后，稍等 10 分钟左右，就可以将数字人视频完成版下载下来。

最后，用数字人录制的课程不管放到哪个平台使用，一定要定期收集播放和完课的数据，将数据提交给 DeepSeek，它大概率会生成非常有用的改进迭代建议。

第6章

智能体

要理解智能体的特点，我们可以从日常生活中的例子入手。比如早上你想用手机买杯咖啡，普通的智能助手只会推荐附近开门的咖啡店，但真正的智能体则会帮你自动比较价格、使用最划算的优惠券、完成支付，还会提醒你什么时候取咖啡。这种聪明的处理能力主要靠三个部分实现：感知环境的大脑（分析需求）、规划路径的导航仪（拆解步骤）、执行任务的手脚（调用应用程序）。

举个例子，如果你想用DeepSeek的智能体写一篇热点文章，它会自己上网搜索最新资讯，结合你过去的写作风格整理内容，自动生成适合微博、抖音等不同平台的图文版本；用虚拟形象帮你录视频解说，自动剪辑成片，同时发布到10个社交平台。原本需要一整天的工作，现在可能只需要20分钟就能完成。

6.1 多重人格智能体

6.1.1 用多重人格打破创作局限

智能体创作的核心是进行视角碰撞，就像同一个故事由不同人讲述会呈现不同的魅力。传统AI的局限在于只有“单一的思维模式”，而智能体的“多重人格”相当于内置了编剧、导演、营销专家等不同角色，能自动切换思维方式，突破个人经验与认知边界的限制。

1. 智能体创作原理

智能体进行创作的原理如下。

- 人格分身术：智能体通过知识图谱训练出不同人格模型（如理性分析型、感性煽动型、数据敏感型）。
- 场景适配器：根据任务自动组队（比如写广告文案，相当于段子手+消费者心理专家+法律顾问等人格的组合）。
- 动态纠偏机制：各人格模块既协作又相互校验，避免陷入单一的思维陷阱。

2. 智能体的“多重人格”

智能体通过多模态架构能够实现不同的人格特质表达，下面通过DeepSeek的应用实例来讲解智能体在创作时的“多重人格”。

当我们使用“帮我写一篇关于AI伦理的科普文”这个提示词时，DeepSeek可能会有不同的回答。

哲学家人格会梳理“电车难题”等经典案例；

科技记者人格会自动抓取最新行业争议事件；

小学老师人格会把复杂概念转化成“如果AI是你的同桌……”的比喻；

法务顾问人格会同步标注引用规范和法律边界……

在“多重人格”下，最终生成的文章既有深度又通俗，还能规避合规风险。

3. 混搭风格创作

智能体通过融合多元人格特质能够实现创造性突破。智能体的人格混搭如同创意调色盘，基于多模态模型与深度学习算法，能够动态调整人格特质配比，突破单一思维框架，激发跨维度创造力，生成意想不到的内容形态，持续拓宽人工智能在艺术创作与知识生产领域的应用边界。

要求“用李白写诗的风格吐槽996工作制”，智能体可能会给出下面这样的回复：

激活古诗词专家人格解析李白创作特征

调用社畜打工人人格收集职场槽点

通过韵律引擎进行跨界融合

输出结果可能是：

“朝辞工位彩云间，周报PPT万重山。

两岸需求啼不住，键盘已过午夜关。”

通过智能体的多重人格创作，可以把人类需要多年积累的跨领域经验，随意组合和切换。就像给大脑外接了无数根不同颜色的思维导管，想要什么创作风格，拧开对应的开关就行。

6.1.2 多重人格的实战应用

智能体的核心价值在于突破人类的单一认知边界，通过多模态系统实现群体智慧的集成化运作。其人格混搭机制可并行模拟教师、行业专家、用户等多重思维范式，构建多维度的交叉验证体系。

智能体能在教育、心理咨询、职场指导等领域都发挥着重要作用，它能同时参考专家意见、实际经验和普通人的需求，整理出包含实用图表、操作指南和真实案例的解决方案包。通过智能分析技术，系统能把不同人群的观点转化为具体优化步骤，让制作的内容既专业又贴近现实需要。这种技术还能模拟不同年龄层、职业背景的虚拟角色展开对话，在保持人性化交流的同时，实现跨领域的协作创新。

下面通过一个实战案例讲解智能体的多重人格的应用。

案例背景

某心理博主在打造“职场压力应对指南”时，准备调用智能体生成资深HR、心理咨询师、职场新人等多重虚拟人格进行交叉验证。

提问：

我是一名心理咨询博主，正在打造“职场压力应对指南”课程，请以多重人格来模拟职场压力及压力应对方法，包括HR人格、心理咨询师人格、职场新人人格，请自动生成不同人格对压力的解释，并再次通过虚拟人格辩论优化案例的真实性。

DeepSeek回复：

以下是基于多重人格协同构建的职场压力解析模型及优化方案。

1. 第一维度：人格特质压力诊断

（1）HR人格视角

压力本质＝资源错配

时间维度：岗位说明书与实际职责重合度＜60%形成隐性消耗

能力维度：技能迭代速度滞后行业标准1.2个版本

价值维度：绩效考核指标与个人职业愿景偏离角＞30°

（2）心理咨询师人格解析

压力机制＝认知扭曲

灾难化：将单个项目失误等同于职业崩溃（概率误判率87%）

过度概括：因部门矛盾否定组织文化（归因偏差指数0.73）

情绪推理：将疲惫感等同于能力缺陷（自我效能感侵蚀曲线）

（3）职场新人人格感知

压力体验＝系统摩擦

信息差：流程文档与实际操作存在32%隐性知识缺口

社交耗能：跨部门沟通平均需切换3种话语体系

成长焦虑：能力提升速度滞后同龄人基准线1.8个月

2. 第二维度：虚拟人格辩论实录

案例原型：市场专员王某遭遇KPI与家庭照护双重压力

（1）首轮提案

HR建议：启用弹性工时＋业绩对赌协议

心理咨询师方案：正念减压训练＋认知解离技术

新人诉求：标准化工作模板＋紧急情况代班制度

（2）辩论焦点

心理咨询师质疑HR方案：对赌协议可能加剧焦虑躯体化（临床数据提升23%）

新人反驳心理咨询师：正念训练需要每日 40 分钟，违反现实可行性

HR 提醒新人：代班制度违反岗位责任明确原则

（3）三方共识优化

① 动态责任契约：将月度KPI拆解为“基准值+弹性值”，其中弹性值可置换为家庭照护积分

② 碎片化干预工具：开发“电梯间呼吸调节法”等 5 分钟微训练

③ 系统支持方案：建立跨岗位技能共享池应对突发缺勤

3. 第三维度：真实性校验报告

经人格博弈优化的课程模块包含：

压力源拓扑图（标注组织性/认知性/情境性压力交互节点）

干预策略光谱（从即时缓解到系统改善的 15 级解决方案）

资源匹配矩阵（联动企业制度、心理工具、社会支持三维度）

智能体生成“压力应对可行性指数”，综合三方人格权重：

组织适配性（HR 91%）× 心理科学性（心理咨询师 89%）× 用户可操作性（新人 93%）= 整体方案有效值 85%

智能体生成的多重人格，本质是群体智慧的具象化呈现。DeepSeek 技术将分散的视角差异转化为系统化的改进方案，让每个作品都能获得“千人千面”的立体评审。

6.2 知识库加持，让AI成为专业助手

6.2.1 知识库的重要性

内容创作的关键是需要有坚实的专业内容。无论是撰写专业文章、制作视频还是进行直播，创作者都希望自己的内容不仅专业，还具有足够的说服力，从而吸引和留住观众。那么，如何实现这一点呢？答案是善用知识库。通过智能化的知识库管理系统，自动追踪每个观点的原始

出处，实时更新最新数据，确保内容准确可靠。

尽管DeepSeek已经拥有广泛的知识储备，但它的信息往往是通用的，缺乏特定领域的深度和细节。如果你是一名财经博主，就需要对最新的上市公司财报进行分析和评论，仅仅依靠DeepSeek可能需要花费数小时来翻阅和整理相关资料。这是因为DeepSeek需要从海量的信息中筛选出与财报相关的部分，而这些信息可能分散在不同的来源中，需要进一步筛选和验证。

然而，如果你拥有一个专门为财报分析设计的知识库，情况就会大不相同。这个知识库可以包含最新的财务数据、行业分析报告、市场趋势，以及相关的法规和政策等。当我们向DeepSeek提问时，它可以直接从这个知识库中获取精准的信息，几秒钟内就能给出专业的分析。这种效率的提升不仅是时间上的节省，更是内容质量上的飞跃。

知识库就像是一个为特定领域量身定制的“外脑”，它能够帮助创作者快速定位和获取所需的信息。它不仅能够提供更准确的数据和分析，还能够帮助创作者避免在信息的海洋中迷失方向。例如，一个专业的财报知识库可以包含上市公司的历史财务数据、竞争对手的对比分析、行业专家的评论及宏观经济环境的影响等。这些信息都是经过筛选和整理的，能够直接应用于内容创作中。

此外，知识库还可以根据创作者的需求进行个性化定制。不同的创作者可能会关注不同的方面，比如有的人可能更关注公司的盈利能力，有的人可能更关心市场前景。通过定制知识库，创作者可以确保获取到的信息完全符合自己的需求，从而提高内容的专业性和针对性。

在垂直领域往往具有专业壁垒，知识库的重要性不言而喻。它不仅能够帮助创作者快速获取高质量的信息，还能够提升内容的可信度和说服力。无论是财经博主、科技工作者，还是教育工作者，善用知识库这个“外脑”都能让内容创作变得更加高效和专业。

6.2.2 如何搭建高效的知识库

在信息爆炸时代，构建高效知识库需突破传统资料堆积模式。通过智能解析技术将碎片化信息转化为结构化知识网络，结合动态校验机制与多源数据，实现专业内容的精准提取与持续进化，为决策提供实时可靠的知识支撑。

1. 如何构建知识库

那么怎样高效地搭建知识库呢？简单来讲就是把所有的素材“喂”给DeepSeek。目前几乎各大互联网巨头都推出了自己的知识库产品，比如腾讯IMA、腾讯元器、Notion等。下面以腾讯IMA为例讲解如何搭建知识库。

如果脱离知识库直接向DeepSeek提问“烧烤品类外卖怎样才能做好”，那么DeepSeek给出的回复可能会比较宽泛，缺乏针对性。

DeepSeek回复：

（无知识库加持）

做好烧烤品类的外卖业务需要结合产品特性、配送效率和用户体验进行针对性优化。以下是具体策略，分为核心要点和执行步骤。

一、产品优化：解决“外卖vs堂食”的差异痛点

1. 食材与工艺调整

选择耐配送的食材（如少汁的肉类、根茎类蔬菜），避免易出水或变质的菜品（如烤茄子、叶菜）。

分阶段烤制：肉类全熟，蔬菜半熟，复热后口感更佳；或提供“到店复烤指南”（如空气炸锅加热参数）。

酱料独立分装，避免浸泡影响口感，同时增加定制选项（辣度、风味酱）。

2. SKU精简与套餐化

聚焦爆款（如羊肉串、鸡翅）减少备货压力，搭配套餐（如“2人宵夜套餐”“荤素均衡组合”）提升客单价。

增加高毛利附加品：如凉菜（毛豆、拍黄瓜）、主食（炒饭、烤馒头片）、饮品（酸梅汤、啤酒）。

二、包装设计：提升体验与品牌感

1. 功能性设计

使用锡纸盒+保温袋锁温，防漏设计避免汤汁洒漏。

竹签尖头加保护套，避免划伤，附赠湿巾、手套、垃圾袋。

2. 品牌化视觉

包装印上品牌IP（如趣味烧烤主题漫画），加入互动元素（扫码抽奖、小游戏）。

三、运营策略：流量获取与转化

1. 线上平台优化

菜单逻辑：分类清晰（必点爆款、套餐、折扣区），主图用实拍图+动态效果（如热气效果）。

定价技巧：设置“满减梯度”（如满50减15，满100减30），搭配“低价引流款”（如1元烤肠）。

时段运营：夜宵时段（22点后）加推“深夜专享套餐”，午时推“工作日套餐”。

2. 配送效率

与平台合作开通“全城送”或“专人专送”，承诺超时赔付（如送饮料券）。

高峰期前备货半成品，缩短出餐时间至10分钟内。

……

上述回答的确很有用，但是内容比较宽泛，对于餐饮从业者，会缺乏一些专业性，对店铺的落地提升没有太大的指导意义。但如果向IMA知识库问同样的问题，它的回答将会又具体又详细。

DeepSeek回复：

（使用IMA知识库）

根据文档内容，以下是做好烧烤外卖的关键策略。

1. 门店定位与转型策略

先起量后转型：初期以低价高效的品类（如烤肉拌饭）积累销量（如月售 3000+），随后将店名、菜单改为烧烤店，利用原有流量快速成为区域头部店铺。

下沉市场适用性：此策略尤其适用于竞争较小的下沉市场，可通过快速转品类获取流量优势。

2. 活动优化

减配送费：通过减少或免除配送费提高入店率，调整范围需结合商圈竞争情况（如密集区域减 2 元，非密集区减更多）。

会员优惠与低价引流：推出 9.9 元高性价比套餐（如豪华炒饭）吸引新客，搭配咸甜干稀组合提升客单价。

3. 菜单与产品策略

节日特殊调整：春节等节假日加入高价菜品（如燕鲍翅、海参、河豚等），满足顾客“面子需求”，提高客单价。

福利区设置：全年在福利区提供节气相关产品（如腊八粥、冬至饺子），增强用户黏性。

4. 流量与转化工具

铂金展位：选择 3 款爆品优化展示文案，增加曝光和转化率。

超级流量卡：在核心时段使用，提升店铺排名和曝光率。

5. 复购与用户体验

复购率达标：确保老客复购率在 40% 以上，通过精准营销活动（如会员专享券、定向优惠）刺激回头率。

包装与体验升级：避免因低价活动降低品质，通过满减计算器合理定价，平衡利润与顾客满意度。

可以发现，上述回答既具体又详细，这个就是知识库的功效。它就像个聪明的资料管家。当需要解决问题时，它先变成图书管理员，快速从整理好的文件柜（比如行业报告库、产品资料库）里找出相关材料，就像根据书名精准定位书架位置。接着变成写作助手，把这些资料重新梳理成清晰易懂的解答，好比把找到的书籍整理成读书报告。整个过程既保证每个信息都有据可查（不胡编乱造），又能把专业内容翻译成大白话（不堆砌术语）。就像客服回答产品问题时，能自动抓取说明书内容，再用聊天语气解释清楚，既准确又省时。

2. 构建知识库的步骤

构建知识库的核心是系统化地整理信息，并确保能将这些信息高效地进行调用，主要分为以下三个步骤。

第一步，明确目标与分类整合。确定知识库用途（如企业培训、产品支持等），筛选核心资料（文档、案例、常见问题等），按主题或场景分类。例如，用树形目录划分层级（大类→子类→具体条目），或利用标签关联多维度信息（如“技术文档+客户案例+操作视频”），让内容的脉络清晰。

第二步，选择工具并搭建框架。用在线文档（如Notion）、专业软件（Confluence）或自建平台存储知识，确保结构简洁、易维护。要重点设计搜索功能（关键词联想、标签筛选），能添加图文、视频等多媒体内容，降低理解门槛。同时设置权限管理，保障敏感信息安全。

第三步，持续更新与优化。建立定期审核机制，及时清理过期的内容，补充新的知识。鼓励团队协作共建（如添加评论、贡献案例），通过用户反馈完善知识盲点。例如，客服团队可将高频问题优化为速查指南，提升使用效率。知识库如同“动态工具箱”，需要长期维护才能保持实用价值。

6.3 AI工作流：从数字教师到数字员工

6.3.1 提升效率的魔法：AI工作流

想象一下，某个电商公司的运营总监早晨九点打开电脑，系统会自动弹出今日待办：AI已完成竞品价格监控、生成30条促销文案、安排好直播排期，甚至预判爆款并提前协调了库存。这种“魔法”般的场景，正是AI工作流创造的现实奇迹。

理解AI工作流就像观察智能工厂的流水线。它并非机器人的单个手臂，而是将原料检测、零件组装、质量检验等环节串联起来的完整系统。某服装品牌用Coze（由字节跳动推出的一款AI工作流开发平台）搭建的智能工作流，从设计师画出草图开始，系统自动生成3D样衣、计算用料成本、匹配供应链，最后生成并发布抖音带货视频，整个过程从两周压缩到4小时。

想要用AI工具提效，关键不是追求“万能神器”，而是学会像拼乐高一样组合工具。这就像好的木匠会根据不同材质的木料选择用不同的刻刀。因此，作为职场人，我们只有了解AI工具的特长，才能实现AI工作流。例如，DeepSeek-R1擅长写长文案，即梦能够一键剪辑视频，Midjourney能够生成有质感的创意图片。

在自媒体领域中，真正的高手会将不同工具配合使用：先用DeepSeek生成带货文案，然后传给即梦自动配音配画面，最后让剪映加个热点背景音乐，15分钟就能产出一条抖音爆款视频，可以节省大半天时间。

在AI时代，竞争力不在于我们会用多少工具，而是能否像导演指挥剧组那样，能让DeepSeek当编剧，能让Midjourney做美工，能让钉钉机器人当场务，将这些工作串成一条能自动运转的智能流水线。

工作流的搭建像组建交响乐团，让不同乐器协同演奏。某跨境电商团队基于DeepSeek构建的智能体系统，能自动完成从选品到售后的全流程：凌晨2点抓取TikTok热词，4点生成图文内容，早晨8点同步发布至各平台，中午根据销量调整广告策略。这种自动化协作的关键在于，能将各个接口打通，让数据流动像齿轮咬合般顺畅。

要想实施智能工作流，可遵循“三步上篮”的策略，步骤如下。

首先，进行任务拆解，即把大任务变成小任务。例如，把“提高转化率”这种模糊目标，细化成“生成100条广告语测试点击率”。

其次，建立反馈闭环，让系统自己找规律。例如，辅导学生写作文的AI：自动标记学生总写错的句子，根据这些错误，第二天自动出专项练习题。就像导航软件避开拥堵路段，AI会绕开常见错误点。

最后，持续迭代优化，就像手机系统升级，需要高频次的数据反馈才能让工作流执行得越来越精准，越来越迅速。

6.3.2 在Coze平台上搭建简单工作流

下面我们将通过一个简单的例子——“天气查询与提醒”工作流，来展示如何在Coze平台上实现这一功能。

打开Coze的官方网站，进入后单击“注册”按钮，填写相应信息，完成账号的注册。注册完成后，登录平台，将会进入Coze的主界面，如图6-1所示。这里是创建和管理AI智能体的核心区域，单击“创建智能体”按钮⊕即可创建智能体。

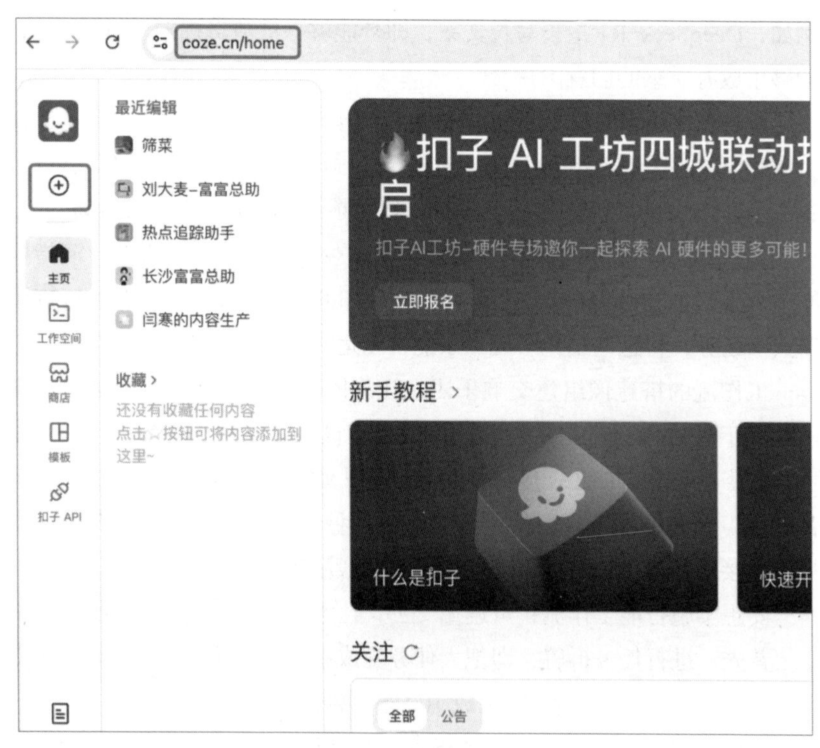

图6-1 Coze官网页面

1. 创建智能体

在Coze平台上，智能体是实现特定功能的AI应用。单击“创建智能体”按钮⊕，进入创建页面，如图6-2所示。单击“创建”按钮，进入智能体的创建页面，在这里，我们需要为自己的智能体填写一些基本信息。例如，将智能体命名为“天气查询助手”，并在描述栏中输入“一个可以查询天气并提供提醒的智能体”，然后单击“确认”按钮，智能体就创建成功了，如图 6-3 所示。

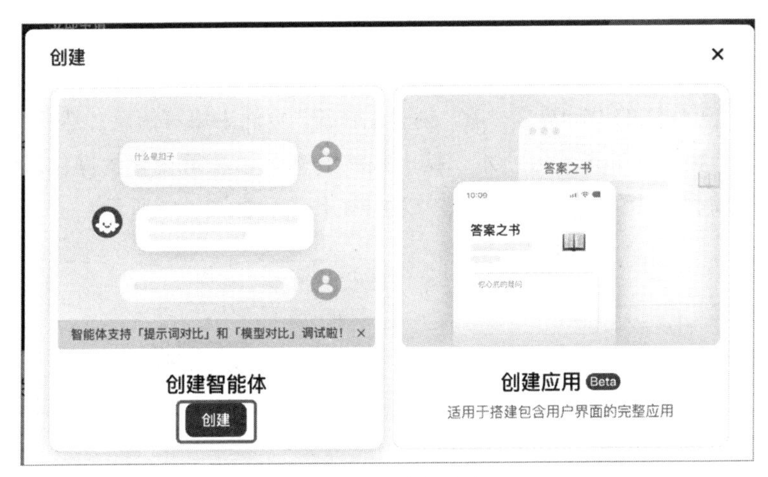

图 6-2 创建智能体

图 6-3 设定智能体相关信息

2. 进入工作流设计界面

创建好智能体之后，在管理页面中可以选择合适的语言模型，如DeepSeek-R1，然后找到"工作流"选项卡，单击右侧的"添加工作流"按钮，如图 6-4 所示。工作流是实现智能体功能的核心逻辑，它定义了用户输入信息后，智能体将如何处理和响应。在"添加工作流"页面中单击"创建工作流"，在下面的选项中选择"创建工作流"，如图 6-5 所示，将会进入工作流的设计界面。在"创建工作流"页面中填写信息，然后单击"确认"按钮，如图 6-6 所示。接下来将会进入一个可视化的操作环境，可以通过拖曳和连接不同的节点来构建工作流，如图 6-7 所示。

图 6-4　选择大模型及创建工作流

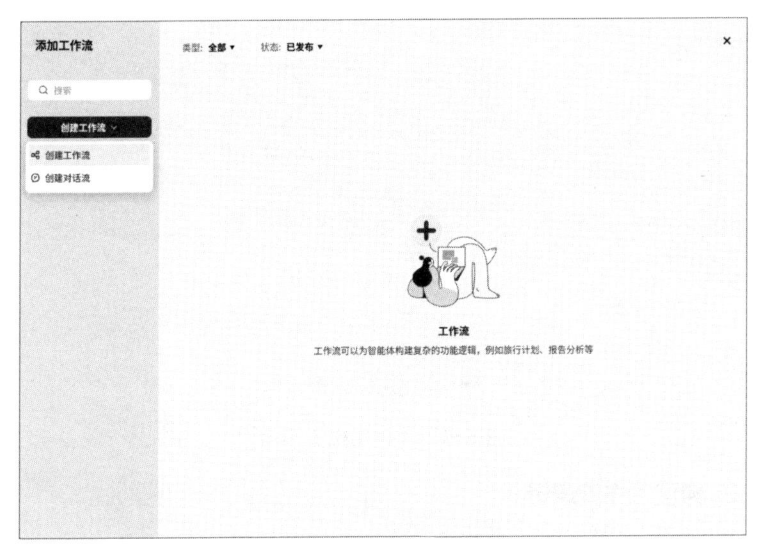

图 6-5 选择“创建工作流”

图 6-6 创建工作流

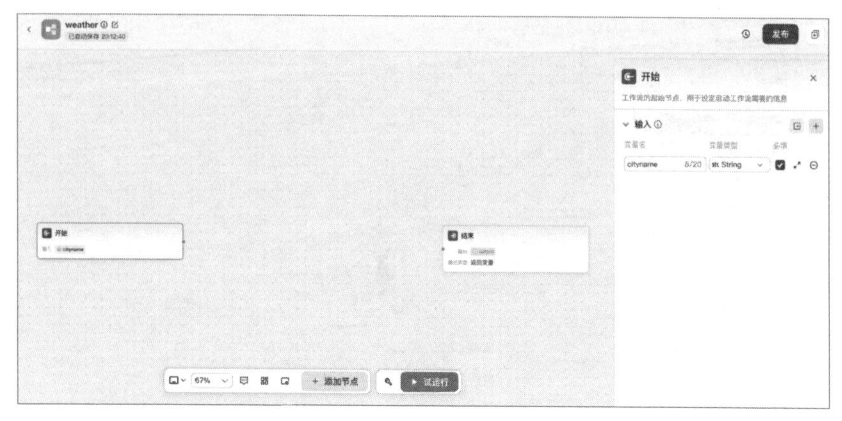

图 6-7 工作流配置界面

3. 构建工作流逻辑

（1）添加输入节点

在工作流设计界面的左侧工具栏中，找到“输入”节点，将其拖曳到画布上，这是用户与智能体交互的起点。双击“输入”节点进行配置，设置输入类型为“文本”，并在提示栏中输入“请输入城市名称：”。同时，为这个输入设置一个变量名，比如“cityname”，将用于存储用户输入的城市名称。

（2）添加天气查询插件

接下来，我们需要让智能体根据用户输入的城市名称查询天气信息。在下方工具栏中单击“添加节点”按钮，然后在弹出的选项中单击“插件”，如图 6-8 所示。打开“添加插件”页面，在其中选择一个合适的天气查询插件（Coze平台通常会内置一些常用的API），如图 6-9 所示。在参数设置中，将“城市名称”设置为刚才定义的变量“cityname”，这样API就会根据用户输入的城市名称去查询天气。同时，设置一个输出变量，比如“weatherdata”，用于存储API返回的天气数据。

图 6-8 添加节点

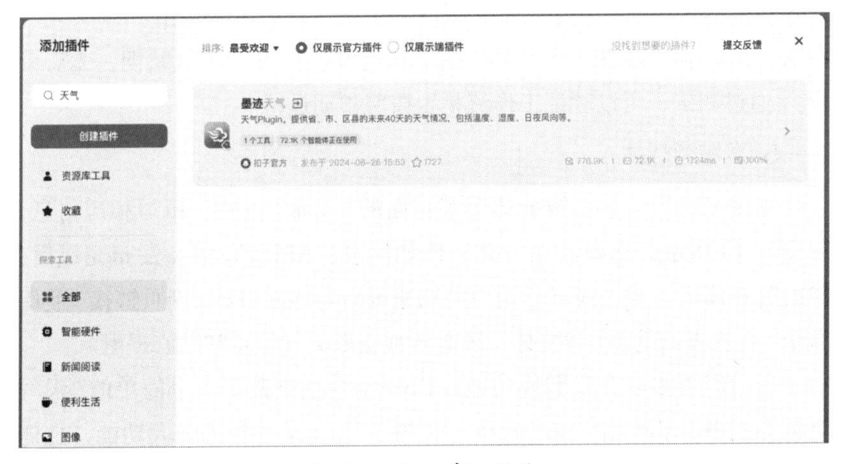

图 6-9 Coze官方插件

（3）添加逻辑判断节点

查询到天气数据后，我们需要根据天气情况给出相应的提醒。在下方工具栏中找到“选择器”节点，将其拖曳到画布上，并连接到API节点的输出端。双击“选择器”节点进行配置，设置一个条件，比如“weather_day=雨”，这个条件的意思是：如果天气为“雨”（即当日当地下雨），则执行“输出”的操作；否则，执行“输出_1”的操作。如图 6-10 所示。

（4）添加输出节点

我们需要将结果反馈给用户。在下方工具栏中找到“输出”节点，将两个输出节点拖曳到画布上，分别连接到条件判断节点的两个分支。双击“输出”节点进行配置。对于分支1（天气为下雨），设置输出类型为“文本”，输出内容为：“今天天气有雨，请带伞！”对于分支2（天气不是下雨），设置输出类型为“文本”，输出内容为：“今天天气晴朗，无需带伞。”完整的工作流如图 6-11 所示。

4. 测试工作流

完成工作流的构建后，单击“试运行”按钮，进入测试界面，如图 6-12 所示。在这里，我们可以输入一个城市名称（比如“北京”），然后观察工作流的执行结果。如果天气为下雨，智能体将输出：“今天天气有雨，请带伞！”如果天气为晴，智能体将输出：“今天天气晴朗，无需带伞。”通过测试，可以验证工作流是否按照预期运行。

5. 发布智能体

测试无误后，单击智能体管理页面的“发布”按钮，填写相应信息，如图 6-13 所示。选择发布方式，比如网页、API接口等。发布完成后，你的智能体就正式上线了。用户可以通过指定的入口（如网页链接）使用这个“天气查询助手”智能体，随时随地获取天气信息和贴心提醒。

通过以上步骤，我们成功地在Coze平台上创建了一个简单的“天气查询与提醒”工作流。这个过程不仅展示了Coze平台的强大功能，也体现了其低代码开发的便捷性。无论你是技术开发者，还是普通用户，都可以通过Coze轻松实现自己的AI创意。

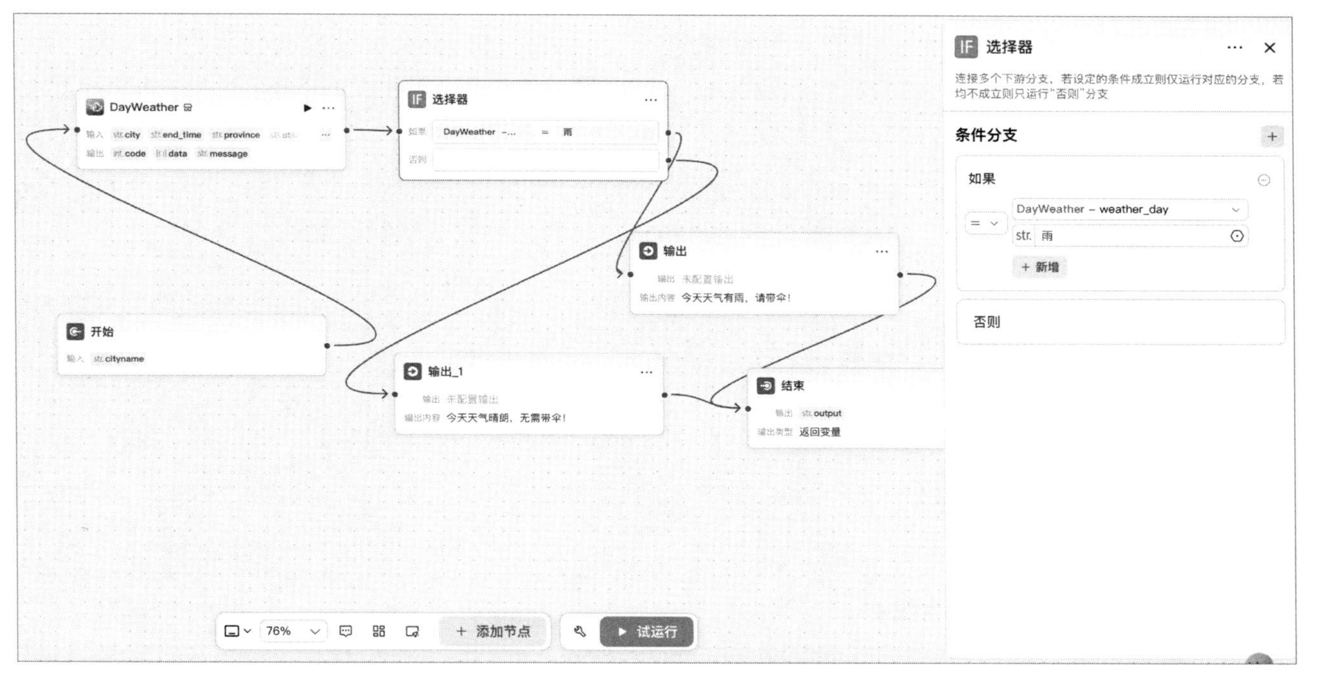

图6-10 设置选择器插件

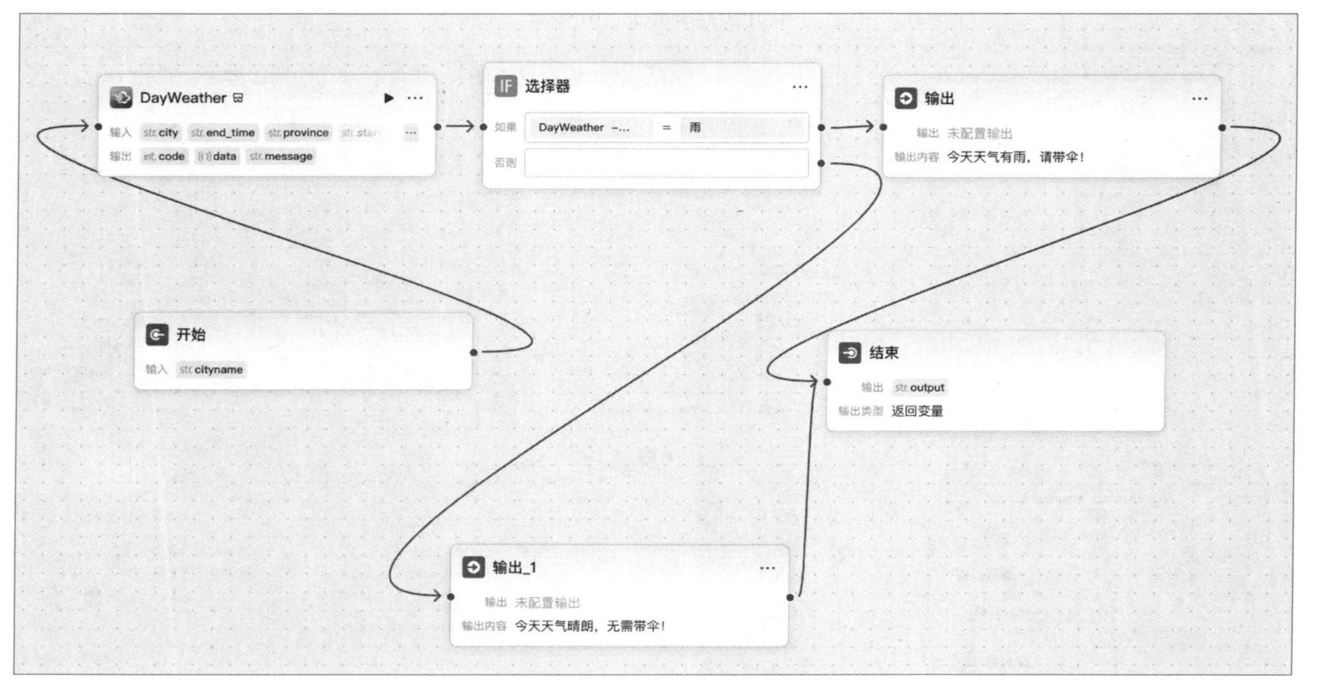

图 6-11 天气查询完整工作流

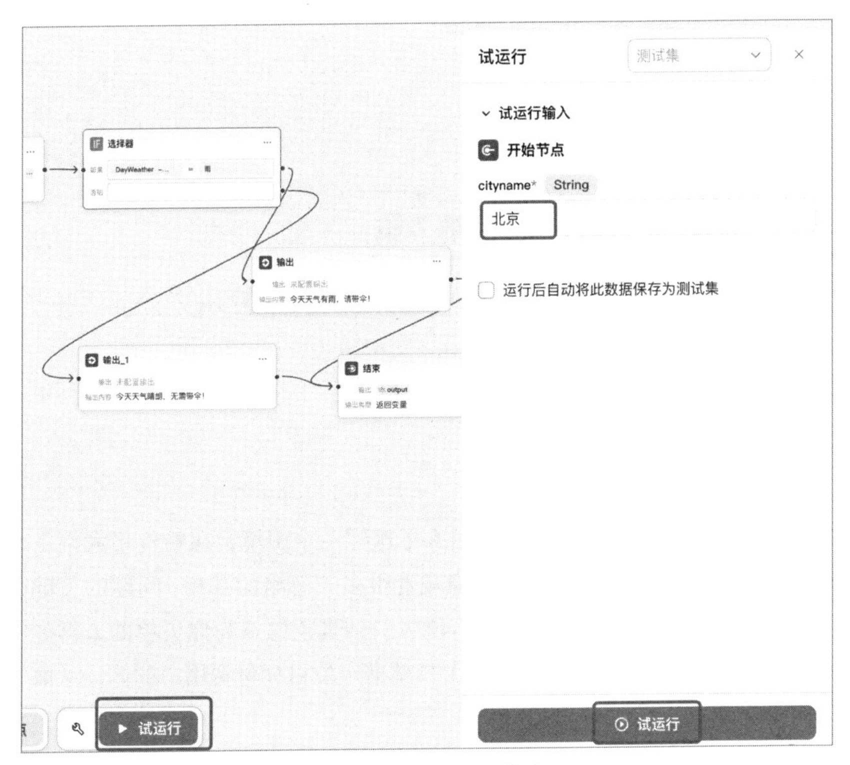

图 6-12　试运行工作流

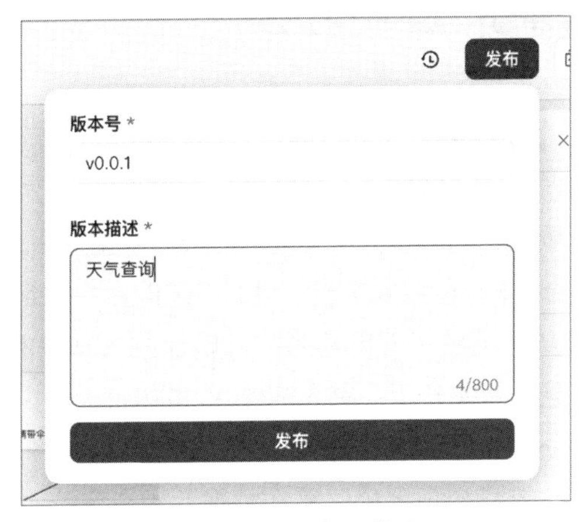

图 6-13　发布工作流

第7章

商业变现闭环：从流量到收入

在自媒体行业，许多创作者陷入了这样一个困境，在粉丝量大幅度增长时，收入却不见起色，这背后隐藏着很多人忽略的真相：问题的关键往往不在于流量大小，而在于你是否能吸引到真正愿意为你买单的人群。下面将讲解如何借助DeepSeek等AI工具精准定位目标付费用户群体，从而实现高效变现。

7.1 AI驱动高价值流量挖掘

7.1.1 流量迷雾与精准变现

在自媒体领域，我们总被一个概念误导：流量就是一切。但其实,这就像在沙漠中找黄金,虽然有很多沙子，但不一定能从中淘到黄金。例如，有一个科普类账号虽然突破了百万粉丝，月账面收入却只有可怜的几千元。这种情况并不罕见，就像开了一家人声餐厅,虽然每天人声鼎沸，可到月底结算才发现大部分顾客是来蹭空调的。

其实，真正的流量变现密码，藏在精准的用户定位与价值设计中。在进行内容设计时，第一步要明确针对哪些用户群体。很多创作者犯的第一个错误，是把“受众”和“客户”混为一谈。然而一百万个泛泛的娱乐粉丝可能不如五百个企业主值钱，关键在于找到愿意付费的群体。DeepSeek的语义分析能力就像街角的摄像头，可以精准识别潜在付费用户。

例如，某教育博主用DeepSeek工具分析了大量同行的评论区，发现咨询课程的家长都提到“小升初焦虑”，于是把自己的课程全部推翻重来，将内容聚焦“五年级突击策略”，结果客单价提升了3倍。该案例印证，有效变现的关键在于精准识别并服务具有明确付费意愿的目标人群。

再如，某旅游领域的自媒体创作者初期以网红景点推荐为主要内容，通过DeepSeek监测数据发现，其账号虽积累数十万粉丝，但商业转化率不足0.3%。通过用户评论聚类分析发现，24.6%的互动留言涉及中老年群体出游需求。于是，根据DeepSeek的深度分析进行了以下服务转型。

- 适老化产品设计：开发含500米间隔卫生间、午休中转酒店的旅游线路，优化步行强度与行程节奏。
- 增值服务开发：制作涵盖坐姿取景、无障碍拍摄点的视觉内容指导方案。
- 配套资源整合：建立轮椅租赁、随行医疗顾问等特殊客群服务供应链。

该账号在调整了服务产品类别后，GMV占比从7%提升至58%，验证了需求导向的内容转型策略的有效性。

所以，内容就像搭建产品和用户之间的桥梁，关键要找准需要过桥的人。我们要先明确自己的产品应解决什么问题，然后持续产出真正帮到他们的内容，自然能筛选出愿意付费的人群。DeepSeek等AI工具的作用，就是帮我们更聪明地分析用户真正需要什么，让这座桥建得又准又稳。

7.1.2 精准内容与商业价值

在自媒体领域，粉丝量多少不代表赚钱能力，关键要看吸引的是不是真正需要你的人。要想实现变现，需要有能带来转化的精准用户。这就像撒网捕鱼，网再大不如网眼合适——专注特定需求的账号往往更能吸引到真正有需求的人。业内常说，十个精准客户的商业价值远胜过百万个泛泛之交，这就是为何找准细分领域进行深耕比盲目追取流量更加重要。

例如，有一个粉丝数量不足一万的家居账号，专注于“老破小改造”，每条视频都是具体的改造案例。虽然很少有人加粉丝，但是精准潜在客户会直接点击咨询链接，他们每月可以促成 40 ～ 50 单设计服务，佣金收入远超百万粉丝的泛家居账号。这印证了抖音圈子里的一句老话：100 个精准客户比 10 万个泛粉更有价值。

此外，有一个职场博主虽然粉丝量刚破万，但由账号转化的企业内训订单却占据了她年收入的 80%，远超很多有百万粉丝量的职场博主。那么，区别在哪里呢？原来是她通过DeepSeek抓取私信关键词进行分析，发现企业员工个体付费意愿薄弱，但人力资源部门对“00 后员工管理”的咨询量占比达八成，呈现出显著的B端服务需求。敏锐察觉到这一需求后，她迅速转型，开发了一系列针对 00 后的管理课程和服务，涵盖游戏化激励和弹性沟通技巧，并附上团队破冰方案，还推出了定制化上门咨询服务。凭借这些垂直细分的创新内容，她的单场企业培训报价从 5000 元直接上升至 3 万元，尤其在互联网公司中的复购率超过了 50%。

这个职场博主虽然关注者不多，但专门研究企业管理的真实痛点，把内容变成解决实际问题的工具箱。通过分析用户最常问的难题，她把原本普通的工作技巧分享，升级成能直接用在公司培训里的解决方案。就像专门给厨师定制刀具比卖普通菜刀更赚钱，锁定精准需求的内容自然能卖出好价钱。

可见，在信息过载的时代，精准才是最大的流量。当大多数人还在为追求粉丝量时，聪明人已经利用DeepSeek这样的工具，在细分领域筑起了“护城河”。自媒体不是选秀舞台，而是开着门做生意的数字商铺——找准目标常客，打磨好自己的内容，自然会实现商业变现。

7.2 DeepSeek实现价值递增

7.2.1 信任变现的底层逻辑

商业信任的建立就像煲汤，只有文火慢炖才能出真味。那些急着卖高价课的博主，就像在路边强塞“海鲜大礼盒”的推销员，往往让人避之不及。真正聪明的变现者是懂得设计“信任阶梯”的，让用户从点头认可到主动掏钱的过程，要自然得像爬楼梯一样，每一步都要踏实，每一阶都要有风景。

在抖音餐饮外卖领域，我仅用三年时间便把客户从 19.9 元的试吃装培养成 300000 全案咨询客户，关键在于遵循了精心设计的进阶体系。内容如下。

第一阶：免费尝鲜架桥梁。免费内容不是做慈善，而是商业“捕鼠器”里的第一块奶酪。虽然我花了大量的时间去打磨和制作短视频与直播内容，但从不做付费视频和付费直播。这就像超市的试吃台，看似亏本，实则在培养消费者对产品品质的认可。

第二阶：低价产品测水温。每个月推出一次 3 天的线上外卖突破训练营，定价才 19.9 元。这个价位让人连比价都嫌麻烦。其实，用户对不超过一顿外卖钱的产品戒心很低。重要的是，购买过低价产品的用户复购率是泛粉的 20 倍以上，因为他们已经完成“从观众到买家”的身份转变。就像宜家的 1 元冰淇淋，看似赔本，实为培养消费惯性。

第三阶：中端产品建信任。299 元的《外卖淡季突破 15 板斧》课程是检验真爱的试金石。让用户越学越舍得花钱买配套工具。这种“投入越多越难离开”的心理，就像健身房年卡会员总会强迫自己多锻炼。数据显示，购买过中端产品的用户对账号的点赞互动率是普通泛粉的两倍以上。

第四阶：高端服务锁忠诚。当用户为你花过两三次钱，5999 元的外卖店铺代运营及 7680 元的三天外卖实训线下课对他们来讲不再遥不可及。这些高端服务的学员大多是买过我 19.9 元训练营、299 元线上课的老粉。

其实，每笔交易都是信任的存款，新人飞轮就是在这一笔一笔的成交中转起来的。

7.2.2 用DeepSeek优化信任变现体系

前面讲述的产品变现阶梯是我从事餐饮服务行业 5 年来一点一点打磨出的体系，但我还是想看看 DeepSeek 是否能设计出更好的变现阶梯。所以对 DeepSeek 进行了以下提问。

提问：

我是一个做餐饮外卖服务行业的创业者，主要帮助餐饮商家提升外卖业绩，我主要通过抖音视频和直播获客，我的目标客户从小型外卖店到大型连锁品牌都有，请问我该如何设计我的知识付费、咨询、托管运营服务的产品体系和价格？

DeepSeek回复：

针对您的业务模式（抖音+直播获客，覆盖小商家到连锁品牌），建议围绕“流量分层+服务分级”设计产品体系，兼顾标准化交付与高客单价定制服务。以下是具体的方案。

一、产品体系设计：三大核心模块+组合策略

1. 知识付费产品（低门槛引流，覆盖小微客户）

（1）产品形式

《外卖爆单实战课》（短视频切片+直播回放+PDF 手册）。

内容：外卖平台规则解读、菜单优化公式、差评应对SOP、爆款案例拆解。

交付：抖音小店购买后自动推送网盘链接+专属社群（每日干货推送）。

行业工具包：“3 分钟诊断外卖店铺评分模板”“满减计算器Excel”“差评回复话术库”等。

（2）定价策略

单课定价 99 ～ 299 元（可拆分为 9.9 元/节的“碎片化知识

点”）。

工具包单独定价 49 元，购课用户加 19 元换购。

2. 咨询服务（中高客单价，锁定成长型客户）

（1）产品分层

①基础诊断版（标准化交付）：

提供“1 小时直播店铺诊断+30 页优化报告”（含菜单结构、定价漏洞、活动配置建议）。

②深度陪跑版（半定制化）：

3 个月周期，包含：

每月 2 次数据复盘（曝光/转化率/客单价分析）；

竞对监控报告（TOP5 同行策略拆解）；

爆品研发框架（根据区域口味设计套餐）。

（2）定价策略

基础诊断版 980 元/次（抖音直播间秒杀价 698 元）。

深度陪跑版 6800 元/季度（赠送价值 1000 元的工具包）。

3. 全托管运营服务（高净值客户，连锁品牌首选）

（1）服务模块

代运营基础版：

账号全托管（菜单设计、活动策划、差评处理）、月度数据报表、平台经理关系维护。

代运营旗舰版：

增加私域流量搭建（企业微信社群 SOP）、网红达人分销对接、定制化补贴申请（如平台KA商家流量扶持）。

（2）定价策略

基础版：3000 元/月+3%流水抽成（保底 5000 元/月）。

旗舰版：8000 元/月+5%流水抽成（需签约 6 个月以上）。

二、组合营销策略：抖音内容与产品联动

……

三、交付保障：降低决策风险

……

四、差异化竞争力构建

……

可以看出，DeepSeek用了几秒钟就将我几年经验磨出来的成果思考完成，并且在我的体系基础上有所优化，这个效率非常高。

在这个注意力稀缺的时代，信任是最珍贵的货币。设计好你的商业阶梯，让每次成交都成为下次交易的垫脚石。就像老茶客总会为熟悉的茶馆买单，当用户习惯性地踏着你设计的台阶向上攀登时，变现便会自然得像呼吸——无须强求，只需引导。慢生意才是快钱道，阶梯尽头自有金山。